本书获得以下研究项目资助：

国家社会科学基金项目(10BTQ047)
“海量网络学术文献自动分类研究”

教育部人文社会科学研究一般项目(09YJA870019)
“基于本体集成的文本分类关键技术研究”

山东理工大学人文社会科学发展基金项目

海量网络学术文献自动分类研究

王效岳　白如江　等◎著

人民出版社

责任编辑:崔秀军
版式设计:顾杰珍

图书在版编目(CIP)数据

海量网络学术文献自动分类研究/王效岳 等著.
-北京:人民出版社,2015.11
ISBN 978-7-01-014847-2

Ⅰ.①海… Ⅱ.①王… Ⅲ.①计算机网络-情报检索-研究
Ⅳ.①G354.4

中国版本图书馆CIP数据核字(2015)第100580号

海量网络学术文献自动分类研究
HAILIANG WANGLUO XUESHU WENXIAN ZIDONG FENLEI YANJIU

王效岳 白如江 等著

人民出版社 出版发行
(100706 北京市东城区隆福寺街99号)

北京汇林印务有限公司印刷 新华书店经销

2015年11月第1版 2015年11月北京第1次印刷
开本:710毫米×1000毫米 1/16 印张:16.25
字数:210千字

ISBN 978-7-01-014847-2 定价:38.00元

邮购地址 100706 北京市东城区隆福寺街99号
人民东方图书销售中心 电话 (010)65250042 65289539

序

情报学是一门应用性很强的学科，技术是实现情报应用的手段。我国的情报技术研究还处在发展阶段，真正的情报技术研究成果较少。

本书是王效岳教授主持完成的国家社会科学基金项目“海量网络学术文献自动分类研究”的最终研究成果。作者在书中探讨了海量学术文献自动分类中的相关理论、技术以及实践知识，对该研究领域的科研人员有着积极的借鉴参考意义。在网络环境下，文献的载体和形式发生了很大变化。其中学术信息是文献构成中最核心和最本质的要素。虽然文献的知识本质并没有随时代的变化而变化，但文献的符号、载体和记录复制方式却正在发生前所未有的变化；电子形式的或网络空间中的文献正在向综合化方向发展，数字化、多媒体成为未来文献记录、保存和传播的发展方向。全球每年生产的数字信息的数量更是以惊人的、让人无法想象的速度增加。按信息单位计算，现在全世界每天发送的数据量就有多达40亿个或更多（学术信息是其主要组成部分之一），每年获取和复制的数字信息总量大体相当于或超过有史以来出版的图书信息总量的300万倍；我们的数字世界目前已经拥有超过1.8万亿吉比特的数据，并且仍将以每年40%以上的速度增加。人类已经进入到真正意义上的大数据时代。数字宇宙正在通过多种方式对人类经济社会发展产生重要影响。这种变化必然导致对文献认识观的巨大冲击,更导致对文献管理模式、开发利用模式和服务方式的巨大冲击。

学术文献是科研工作者进行科学交流的主要工具,数字化文献的网络化使得这一工具可以被更方便地利用。随着网络环境的改变和开放获取活动的不断发展和深化,学术文献不再被传统出版商所独家垄断,开放型期刊和机构典藏开始改变人们获取学术文献的方式。然而,开放获取的学术文献在网络上呈现出无序分布、海量规模、动态变化、更新速度快等特点,这阻碍了文献的利用,为文献的获取和组织带来了新的挑战。

本书的内容是一个技术性较强的研究课题,而研究者的学科及知识背景为这一课题的深入研究奠定了可靠的基础。王效岳教授主持的课题研究成果,充分利用了他自己及团队的学术专长,以海量网络学术文献自动分类为研究目标,综合运用了情报分析技术、知识组织和计算机技术,为离散分布的海量网络学术文献提供了一种新的知识组织解决方案。

不同于传统的信息组织研究,网络学术文献的数量规模较大,而且增长的速度极快,因此在文献的获取上具有较大的难度,普通的信息抓取工具不能满足要求。王效岳教授和他的课题组通过配置高性能的网络爬虫,利用分布式的爬虫服务器集群对网络资源进行抓取,设置抓取规则将爬行范围限制在更可能出现学术文献的科研机构、研究型高校以及研究者主页等网站。对于抓取到的网络资源,利用启发式规则对其进行识别,保留符合要求的资源作为学术文献。为了解决自然语言词汇无法准确、快速和有效地映射到本体概念的问题,在文献分类时,作者提出一种基于多种本体集成的自动分类方法，即通过对词汇覆盖率较高的同义词辞典WordNet和概念及语义关系丰富、涵盖领域广泛的标准上层本体SUMO等不同的领域本体进行映射，最大限度地利用文献中的语义信息，进而确保了分类的正确性。此外，作为一种计算密集型任务，对海量的学术文献进行分类也有别于传统的小规模分类，他们利用Hadoop平台提出了基于Map Reduce计算模型的并行分类方法，效率得到明显提升。

本书行文朴实、论证严谨，针对时下网络学术文献获取和利用中的难点问题，创造性地提出了一种利用计算机自动处理解决方法，无论是资源获取研究还是自动分类研究都具有创新性和实用性。

本书可以作为传统情报学网络知识组织研究人员的专业参考书。此外，大数据时代的到来对于情报学来说既是机遇也是挑战，本书在海量网络学术自动分类研究中，无不渗透着大数据时代的思维方式，这也是情报学研究人员在大数据时代中的一次有益探索。

诚如作者在专著结尾部分所指出的，虽然“实现了基于语义的海量网络学术文献自动分类，但是仍然存在一些问题需要下一步作更深入的研究”，并具体列出了六个方面需进一步探讨的问题。这种不满足于已有成绩的谦虚态度和进取精神是值得肯定的。特别是，本书中的海量网络学术文献的自动分类技术的实现，大部分是利用英文文档进行文档语义分类的实验和评估，较少针对中文，使观察这一技术的适用范围受到一定程度的限制。希望在今后的研究中，把研究的重点放在大数据环境下的中文领域。

愿阅读本书的读者能从中分享作者独到的研究方法和富有启示性的学术观点及研究结论。在专著即将出版之时，先睹为快地浏览了书稿，写下一点感想，愿就教于读者和作者。

黄长著*谨识

---

* 黄长著：中国社会科学院学部委员、研究员，国家哲学社会科学研究专家咨询委员会委员，国家社科基金图书馆·情报与文献学学科规划评审组召集人，中国社会科学情报学会理事长。原中国社会科学院文献信息中心主任、院图书馆馆长。

目　录

序 …………………………………………………………………… 1

绪　论 ………………………………………………………………… 1

第一章　网络爬虫 …………………………………………………… 7

第一节　网络爬虫 ………………………………………………… 7

一、开源网络爬虫工具 ………………………………………… 7

二、爬虫工具比较分析 ………………………………………… 15

第二节　Hadoop 平台 ……………………………………………… 18

一、Hadoop 与其他系统的比较 ……………………………… 18

二、Hadoop 项目及结构 ……………………………………… 20

三、Hadoop 分布式文件系统 ………………………………… 24

四、MapReduce 编程模型 …………………………………… 31

五、Hadoop 平台搭建 ………………………………………… 38

第二章　海量网络学术文献获取及并行处理模型 ……………… 40

第一节　网络学术文献的主要来源及常用文件格式 ………… 40

一、网络学术文献的主要来源及特点 ……………………… 40

二、网络学术文献的常用文件格式 ………………………… 42

第二节　网络学术文献自动获取实验 ………………………… 44

一、实验环境 …………………………………………………… 44

二、实验平台搭建 …………………………………………… 44
第三节 网络学术文献资源获取 …………………………… 50
一、网络学术文献获取方案 …………………………… 50
二、种子站点的选择 …………………………………… 51
三、抓取任务的配置 …………………………………… 53
四、文件类型和大小过滤 ……………………………… 54
五、网络学术文献获取实验结果 ……………………… 56
第四节 网络学术文献资源判定 …………………………… 58
第五节 网络学术文献并行处理 …………………………… 64
一、数据预处理 ………………………………………… 64
二、并行处理 …………………………………………… 65
第六节 MapReduce 任务优化 ……………………………… 70
一、任务调度 …………………………………………… 70
二、任务数量 …………………………………………… 70
三、Combine 函数 ……………………………………… 72
四、文件压缩 …………………………………………… 72
五、重用 JVM …………………………………………… 73
六、网络学术文献并行处理模块实验结果 …………… 74

第三章 本体集成……………………………………………… 80

第一节 本体研究 ………………………………………… 80
一、本体概念 …………………………………………… 80
二、本体基本构成要素 ………………………………… 81
三、本体类型 …………………………………………… 81
四、本体表示语言 ……………………………………… 82
第二节 本体库研究 ……………………………………… 83
一、国内外主要本体库 ………………………………… 83

二、本体库比较分析 …………………………………………………… 98
第三节 本体集成基本过程 ………………………………………… 106
第四节 本体集成工具 ……………………………………………… 110
一、工具介绍…………………………………………………………… 110
二、工具比较与分析 ………………………………………………… 114
第五节 本体集成方法 ……………………………………………… 116
一、基于形式概念分析(FCA)的本体集成方法 ……………………… 116
二、基于范畴论的本体集成方法 …………………………………… 119
三、基于 RDFS 图闭包的本体集成方法 …………………………… 121
第四章 基于语义驱动文本自动分类研究 ……………………… 123
第一节 文档自动分类基本理论 …………………………………… 123
一、文档自动分类基本概念 ………………………………………… 123
二、文档自动分类基本流程 ………………………………………… 124
三、文档自动分类性能评价指标 …………………………………… 133
第二节 基于语义驱动文档自动分类概念 ………………………… 135
第三节 基于语义驱动文档自动分类实现基础 …………………… 135
第四节 基于语义驱动文档自动分类方法模型 …………………… 137
一、词向量空间构建…………………………………………………… 137
二、语义向量空间构建 ……………………………………………… 138
第五章 基于本体集成的文档语义分类模型 …………………… 144
第一节 SUMO 和 WordNet 本体库概述…………………………… 144
一、WordNet 本体库 ………………………………………………… 144
二、SUMO 本体库 …………………………………………………… 146
第二节 WordNet 与 SUMO 本体库映射机制研究………………… 149
一、映射动机…………………………………………………………… 149
二、映射模型…………………………………………………………… 151

三、映射实例 …… 155
四、映射效果及应用分析 …… 160
第三节 基于 WordNet 与 SUMO 本体集成文档语义分类模型设计与实现 …… 163
一、实验平台构建 …… 164
二、实验数据集及方法 …… 165
三、集成本体库构建 …… 166
四、词向量空间到概念向量空间的映射 …… 168
五、概念向量空间通用化 …… 171
六、分类模型训练与测试过程描述 …… 173
七、实验评估指标 …… 180
八、实验及结果分析 …… 180
第六章 海量网络学术文献自动分类系统 …… 184
第一节 海量网络学术文献自动分类系统 …… 184
一、开发环境 …… 185
二、海量网络学术文献自动获取模块 …… 185
三、海量网络学术文献词—文档矩阵处理模块 …… 187
四、本体集成模块 …… 189
五、基于语义驱动的分类模块 …… 190
第二节 海量网络学术文献自动分类系统实现 …… 192
一、系统主要技术及标准 …… 192
二、系统功能 …… 193
第七章 总结及展望 …… 196
第一节 总结 …… 196
第二节 展望 …… 198

附录 A …………………………………………………………… 200
附录 B …………………………………………………………… 205
附录 C …………………………………………………………… 217
附录 D …………………………………………………………… 223

参考文献 ………………………………………………………… 229
索　引 …………………………………………………………… 240
后　记 …………………………………………………………… 242

图目录

图0-1 课题整体研究思路 …… 6
图1-1 Heritrix 的架构 …… 11
图1-2 Web-Harvest 管道式处理器执行流程 …… 13
图1-3 JSpider 的主要构成框架 …… 15
图1-4 HDFS 的整体架构 …… 28
图1-5 客户端从 HDFS 中读取数据 …… 29
图1-6 客户端将数据写入 HDFS …… 30
图1-7 MapReduce 执行流程 …… 32
图1-8 Hadoop MapReduce 作业执行流程图 …… 34
图1-9 Hadoop 流的 Map 工作流程图 …… 36
图1-10 典型 Hadoop 集群拓扑结构 …… 39
图2-1 基于 Heritrix 的网络学术文献资源获取方案 …… 50
图2-2 处理器链设置 …… 55
图2-3 Heritrix 资源抓取运行界面 …… 56
图2-4 Heritrix 资源抓取报告界面 …… 57
图2-5 学术文献判定程序 checkPDF 的部分结果 …… 61
图2-6 数据库记录的部分结果 …… 63
图2-7 TxtCombine 程序"编号—文件"对应列表部分输出 …… 75
图2-8 Jps 查看伪分布启动 Hadoop …… 76
图2-9 伪分布关闭 Hadoop …… 76

图 2-10 JobTracker 页面 …… 78
图 3-1 WordNet2.1 …… 86
图 3-2 DBpedia 的链接数据资源 …… 87
图 3-3 Cyc 技术之间的联系 …… 89
图 3-4 Cyc 语义集成的数据传输总线 …… 91
图 3-5 本体集成基本过程① …… 108
图 3-6 COMA++的体系结构 …… 113
图 3-7 基于形式概念分析的本体集成方法 …… 117
图 3-8 范畴的有向图表示 …… 119
图 3-9 本体合并 …… 121
图 4-1 文档自动分类基本流程图 …… 125
图 4-2 SVM 算法原理示意图 …… 132
图 4-3 传统文档自动分类方法的实现基础 …… 136
图 4-4 基于语义驱动的文本分类方法实现过程 …… 137
图 4-5 三维潜在语义向量空间 …… 140
图 4-6 潜在语义分析法构建语义向量空间的过程 …… 141
图 4-7 本体语义映射法构建文档概念向量空间的基本过程 …… 143
图 5-1 WordNet 的逻辑结构② …… 144
图 5-2 SUMO 本体顶层概念体系③ …… 146
图 5-3 SUMO 本体库的构成结构图 …… 148
图 5-4 自然语言词汇、WordNet 同义词集和 SUMO 本体概念三者之间的映射模型 …… 152

① 卢胜军、李法勇、钱建军等:《WCONS+:一种基于 WCONS 的本体集成方法》,《现代图书情报技术》2009 年第 2 期。

② Michal Sevcenko.Online Presentation of an Upper Ontology[EB/OL].[2010—3].http://www.ontologyportal.org/pubs/Sevcenko.pdf.

③ Subclass Hierarchy Tree[EB/OL].[2010—4—28].http://virtual.cvut.cz/kifb/en/toc/229.html.

图 5-5　WordNet3. 0 版名词同义词的顶层同义词集语义链图 …… 154
图 5-6　WordNet3. 0 版同义词集语义链图的一个实例 ………… 156
图 5-7　WordNet3. 0 版同义词集语言组织格式的一个实例分析 … 157
图 5-8　WordNet 同义词集与 SUMO 本体概念之间的映射实例 …… 158
图 5-9　基于 SUMO 和 WordNet 融合的文本分类模型 ………… 165
图 5-10　映射表 WSMap 的部分结果 ………………………… 168
图 5-11　分类模型训练的基本过程图 ………………………… 173
图 5-12　词向量空间构建流程图 ……………………………… 174
图 5-13　构建的词向量空间 …………………………………… 174
图 5-14　词向量空间属性描述文件片段 ……………………… 176
图 5-15　属性表“attribute”中的部分结果 ………………… 176
图 5-16　概念向量空间属性表 cvs 中的部分结果 …………… 177
图 5-17　概念向量空间属性描述文件片段 …………………… 178
图 5-18　文本分类算法参数的训练过程 ……………………… 179
图 5-19　分类模型的训练过程 ………………………………… 179
图 5-20　输出的文档概念向量空间 …………………………… 180
图 5-21　不同数量训练文档时两种分类器的分类准确率比较 …… 182
图 6-1　海量网络学术文献自动分类系统框架 ……………… 184
图 6-2　海量网络学术文献自动获取模块框架 ……………… 186
图 6-3　海量网络学术文献词—文档矩阵处理模块框架 ………… 188
图 6-4　本体集成模块框架 …………………………………… 189
图 6-5　基于语义驱动的分类模块框架 ……………………… 190
图 6-6　海量网络学术文献自动分类应用系统结构 ………… 193
图 6-7　海量网络学术文献自动分类系统展示平台首页 ………… 194
图 6-8　海量网络学术文献自动分类系统展示平台内容页 ……… 195

表目录

表 1-1　主要开源网络爬虫工具比较 …… 15
表 1-2　Map/Reduce 函数数据模型 …… 33
表 2-1　网络学术文献主要来源 …… 41
表 2-2　网络学术文献常用文件格式 …… 43
表 2-3　机器名、对应的 IP 地址及其功能定位 …… 46
表 2-4　网络学术文献主要来源种子列表 …… 52
表 2-5　含有不同判定词个数的文档数 …… 62
表 2-6　不同判定词出现的次数 …… 64
表 2-7　map/reduce 函数输入/输出的 key/value 内容 …… 66
表 2-8　允许 JVM 重用的配置属性 …… 73
表 3-1　WordNet3.0 的数据库统计数字 …… 84
表 3-2　中文信息结构库数据(单位:个) …… 93
表 3-3　本体库描述语言 …… 99
表 3-4　本体库的存储格式 …… 100
表 3-5　分析与比较结果 …… 114
表 4-1　类别—文档矩阵 …… 123
表 4-2　文档—项矩阵 …… 126
表 5-1　词形词义关系矩阵 …… 145
表 5-2　类别体系的详细信息及我们所设置的对应类别编号 …… 166
表 5-3　集成算法的核心代码 …… 167

表 5-4　抽取程序的核心代码 …………………………………… 175
表 5-5　两种分类器在训练集规模为 960 时的分类性能比较 …… 181
表 6-1　文献抓取目标站点 ………………………………………… 186
表 6-2　海量网络学术文献自动获取模块结果 ………………… 187
表 6-3　词—文档矩阵生成结果 ………………………………… 189
表 6-4　分类结果 …………………………………………………… 192

绪 论

随着网络的普及和发展，互联网作为网络学术文献的载体，在学术界的地位日益显著，提供的学术资源在广度和深度上都有了很大的发展。海量网络学术文献有着重要的学术价值，然而，由于其规模巨大、异构多样、无序分散、动态变化、更新速度快，很难为科研工作者所获取和有效利用。海量网络学术文献的获取及处理对服务器 CPU、IO 的吞吐都是严峻的考验，不论是处理速度、存储空间、容错性，还是在访问速度等方面，传统的技术架构和仅靠单台计算机基于串行的方式都越来越不适应当前海量数据处理的要求。

目前海量数据处理方法在概念上较容易理解，但由于数据量巨大，要在可接受的时间内完成相应的处理，只有进行并行化处理，通过提取出处理过程中存在的可并行工作的分量，用分布式模型来实现这些并行分量的并行执行过程，才能较好地解决海量文献处理过程中面临的内存消耗大、处理速度慢、特征向量维度高等问题。海量网络学术文献资源规模正在迅速增长，面对如此庞大复杂的学术文献数据集，如何对其进行高效的存储、组织、管理与发布，缩短数据从获取、处理到使用的时间，是一个迫切需要解决的问题。

另外，由于网络学术文献数量过于庞大，不能简单地靠人工来处理所有的网络学术资源，需要借助于文本自动分类技术更好地收集、组织、管理和利用这些学术资源。文本自动分类技术是在给定分类体系下，根据训练的文本分类模型，将文本按其内容或属性特征自动归到一个或多个类别的过程。①

文档自动分类在信息检索、数据挖掘、垃圾邮件过滤、数字图书馆等领域具有广泛的应用，目前，大部分基于统计和机器学习的文档自动分类技术与方法如 K-NN（最邻近算法）SVM（支持向量机算法）、神经网络算法、朴素贝叶斯算法等，主要是针对小规模的样本，采用词向量空间进行文档分类模型的训练。② 由于其忽略词间重要语义关系，不能解决同义词、多义词、词间上下位关系等问题，导致向量空间维度过高，在对海量文档分类时出现内存不足、分类速度慢、分类性能低等问题，无法将文档自动分类技术与方法更广泛地应用于具体领域的实践中。

为解决传统基于词向量空间的文档自动分类过程中存在的问题，国内外学者提出一系列语义驱动的文档自动分类方法，如潜在语义分析法、本体语义映射法、概念格构建法、规范化概念分析法等。语义驱动的文本自动分类方法虽然能够极大降低文档向量空间维度，但也有很多缺陷，如语义推理能力要求高、计算复杂度高、无法快速有效对网络上海量文档进行语义分类等。

这些问题的出现为海量网络学术文献自动分类的研究提供了新的视角，也使笔者的研究更加必要和更有意义。

笔者围绕“海量网络文献”展开深入的研究，提出一种新的基于 Heritrix 与 Hadoop 海量网络学术文献获取及并行处理模型。通过利用 Heritrix 平台对种子站点进行抓取，将获取到的 PDF 文档资源镜像存储到本地磁盘，根据抽取出的学术文献特征，采用学术文献判定程序 CheckPDF，对数据库中相应路径下的 PDF 文档进行学术文献判定，提

① Alessandro Zanasi.Text Mining and its Applications[M].Southampton：WIT Press，2005：109-129.

② Bloehdorn，Stephan；Hotho，Andreas.Boosting for text classification with semanticfeatures[J].Lecture Notes in Computer Science，v 3932 LNAI，pp.149-166，2006.

取出处理过程中存在的可并行工作的分量,用分布式模型来实现这些并行分量的并行执行过程。另外,基于 WordNet 和 SUMO 本体集成的语义分类系统利用 WordNet 同义词集与 SUMO 本体概念之间的映射关系,对两者进行集成,形成涵盖 WordNet 同义词集与 SUMO 本体概念一一映射关系的集成本体库;然后基于该集成本体库,将传统高维词向量空间转换成低维的概念向量空间,从而实现获取的海量学术文献文档的自动分类。

设计的模型与系统的成功实施,既可以较好地解决海量文献处理过程中面临的内存消耗大、处理速度慢、特征向量维度高等问题,让科研工作者有效获取并利用文献,又可以解决两大异构本体库的集成及在具体领域如何应用的问题;同时还可以解决传统词向量空间因维度过高,缺乏语义而无法满足新一代语义 Web 环境下人们对海量网络信息资源语义分类、语义导航与语义检索的需求问题。

本书的主要贡献有:

第一,设计了基于 Heritrix 与 Hadoop 的海量网络学术文献获取及并行处理模型。

研究了开源软件 Hadoop 和 Heritrix 的主要架构、工作原理、突出特点等平台基础;然后较全面地分析了网络学术文献的主要来源及特点,网络学术文献的常用文件格式,并以此为切入点,设计出模型。笔者设计的海量文献处理模型缩短了海量文献处理的时间,用并行处理的方法将文件处理成不同规模的词—文档矩阵,解决了 CPU、IO 在文献处理速度、存储空间、容错性、访问速度等影响对海量数据的限制,解决了传统的技术架构和单台计算机基于串行方式文献处理的不适应。

第二,进行了本体集成理论方法与工具分析研究。

笔者以目前比较流行的两大本体库 WordNet 和 SUMO 为研究对象,对两者的映射机制进行深入分析,实现两大本体库的集成,并将其应用于文档分类领域,解决文档分类领域中出现的问题。传统基于词向量空间的文档分类方法不能满足语义 Web 环境下人们对海量网络信息资源语义分类、语义检索的需求。本体集成与网络文档分类的融合,能够拓展和延伸文档分类的理论和方法,对本体集成的研究,有助于推动国内本体集成研究领域从宏观层面向微观层面,从理念指导实践向实践丰富理论的层面发展。

第三,提出了基于语义本体集成的文本分类模型。

基于语义文档分类方法是在传统词向量空间模型分类方法的基础上,利用语义处理方法挖掘词项之间的语义关系,将原文档词项之间相互独立的高维向量空间转换为低维的、语义丰富的语义向量空间或概念向量空间,基于此进行文档的语义分类。该模型利用 WordNet 同义词集与 SUMO 本体概念之间的映射关系,将文档——词向量空间中的词条映射成本体中相应的概念,形成文档——概念向量空间进行文本自动分类。实验表明,该方法能够极大降低向量空间维度,提高文本分类性能。

海量网络学术文献自动分类的研究可以广泛应用于电子政务、新闻、广告、博客论坛、数字图书馆等网站学术文献及信息资源的并行处理和自动分类,将会增强这些网站资源之间的语义相关性,提高网站资源获取、处理和分类的效率、准确性和自动化水平,有利于用户查找、浏览和利用网站上的信息,降低它们在信息分类上面投入的人力、物力和财力,具有非常可观的经济效益。它的成功应用会增强网上信息的语义相关性,将会极大地促进网站语义级信息导航和语义网的实现。

该研究成果将会为网络用户提供一个分类清晰、语义丰富、获取便利、检索方便的网络信息资源共享交流平台,提高用户查询、浏览、过滤和利用信息的速度和准确度,降低用户在网络信息海洋中查找、利用、浏览信息的难度。

根据海量网络学术文献并行获取与语义分类这个研究目标,本书的研究内容主要包括课题调研、Hadoop 与 Heritrix 平台概述、海量网络学术文献获取及并行处理模型设计、本体库及本体集成,语义驱动的文档自动分类技术的实现,海量网络学术并行处理和分类模型实验模型的实现。

第一,调研相关文献,理清该课题的研究背景、内容、价值和意义。

第二,网络爬虫及并行处理技术研究。主要对两个平台的架构、原理、工作流程等进行了研究。

第三,海量网络学术文献获取及并行处理模型设计。网络学术文献的主要来源及常用文件格式研究,网络学术文献资源的获取方案设计,网络学术文献的判定方法,网络学术文献的并行处理策略,MapReduce 任务的优化,用实验并给出数据,验证海量网络学术文献获取及并行处理模型的可行性。

第四,本体集成研究。本体及本体集成的概念、基本过程、工具及方法等,为基于本体集成的语义分类方法提供理论基础。

第五,分类技术研究。对传统文档自动分类的概念、过程、方法和性能评估指标等基本理论进行梳理,给出目前语义驱动的文档自动分类方法的概念和实现基础,勾勒出语义驱动的文档自动分类的方法模型、实现过程及方法的优缺点。

第六,基于 WordNet 和 SUMO 本体集成的文档语义分类模型设计与实现。主要对本体库 WordNet 和 SUMO 进行研究,编制程序对两个本体库进行集成,利用 RapidMiner 数据挖掘软件对其进行分词、特征权重,构建文档词向量空间,构建分类器,对文档进行自动分类,并搭建实验环境及平台对模型进行验证并分析实验结果。海量网络文献自动分类实验研究过程中笔者主要分为海量网络文献获取及并行处理和基于语义文档自动分类两个部分同时进行,基本研究思路与研究方法如图 0-1 所示。

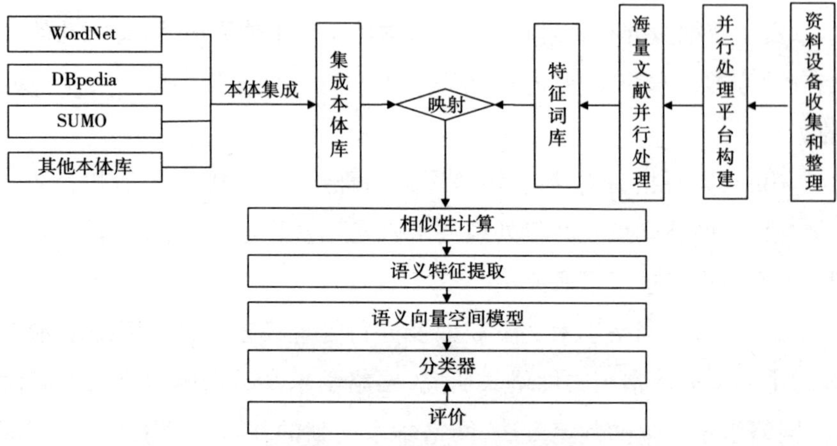

图 0-1　课题整体研究思路

第一章
网络爬虫

第一节　网络爬虫

随着网络的迅速发展,因特网成为海量信息资源的载体,搜索引擎成为人们快速高效检索所需信息的主要工具。网络爬虫工具则是搜索引擎系统的重要组成部分,为搜索引擎的构建提供所需网络资源。通过对开源网络爬虫工具及全球最大开源软件开发平台和仓库 SourceForge 检索后,课题组认为比较具有代表性的开源爬虫工具有:Nutch、Heritrix、Web-Harvest 和 JSpider。

一、开源网络爬虫工具

(一)Nutch

Nutch 源于 Apache Lucene,是一个由 Java 实现,开放源代码的 Web 搜索引擎,既可以运行在单机上,又可以运行在 Hadoop 集群机器中。① Nutch 主要分为两部分:爬虫(Crawler)和查询(Searcher),爬虫主要用于从网络上抓取网页并为这些网页建立索引;查询主要利用索引检索用户的查找关键词来产生查找结果。爬虫和查询之间的接口是

① About Apache Nutch[EB/OL].[2011-09-22].http://nutch.apache.org/about.html.

索引，除去索引部分，两者之间的耦合度很低，两部分尽量分开的目的主要是为了可以分布式配置在硬件平台上，例如将爬虫和查询分别放在两个主机上以提升性能。

爬虫的重点在两个方面：数据文件的格式及含义，爬虫的工作流程。①② 数据文件主要包括三类：Web database、Segment 和 Index，三者的物理文件分别存储在爬行结果 DB 目录下的 Webdb 子文件夹，Segments 文件夹和 Index 文件夹。

Web database，也叫 WebDB，其中存储的是爬虫所抓取网页之间的链接结构信息。WebDB 内存储了两种实体信息：Page 和 Link。Page 实体通过描述网络上一个网页的特征信息来表征一个实际的网页，因为网页有很多个需要描述，WebDB 中通过网页的 URL 和网页内容的 MD5 两种索引方法对这些网页实体进行索引。Page 实体描述的网页特征主要包括网页内的 Link 数目、网页抓取时间、网页重要度评分等相关信息。Link 实体描述的是两个 Page 实体之间的链接关系。WebDB 构成了一个所抓取网页的链接结构图，这个图中 Page 实体是图的结点，而 Link 实体则代表图的边。

一次抓取任务会产生很多个 Segment，每个 Segment 内存储的是爬虫在一次抓取循环中抓到的网页以及这些网页的索引。爬虫会根据 WebDB 中的链接关系，按照一定的爬行策略生成每次抓取循环所需的 Fetchlist，然后 Fetcher 通过 Fetchlist 中的 URLs 抓取这些网页并索引，然后将其存入 Segment。Segment 是有时限的，当网页被爬虫重新抓取后，之前抓取产生的 Segment 就会失效。Segment 文件夹是以产生时间命名的，以便于删除无效的 Segment 来节省存储空间。

---

① Introduction to Nutch, Part 1: Crawling[EB/OL].[2011-09-22]. http://today.java.net/pub/a/today/2006/01/10/introduction-to-nutch-1.html.

② Introduction to Nutch, Part 2: Searching[EB/OL].[2011-09-22]. http://today.java.net/pub/a/today/2006/02/16/introduction-to-nutch-2.html.

Index 是爬虫抓取的所有网页的索引，它是通过对所有单个 Segment 中的索引进行合并处理得到的。Nutch 利用 Lucene 技术进行索引，所以 Lucene 中对索引进行操作的接口对 Nutch 中的索引同样有效。

Nutch 中爬虫的工作原理是：首先爬虫根据 WebDB 生成一个待抓取网页的 URL 集合叫作 Fetchlist，接着下载线程 Fetcher 根据 Fetchlist 将网页抓取回来，如果下载线程有很多个，那么就生成很多个 Fetchlist，也就是一个 Fetcher 对应一个 Fetchlist；然后 Crawler 用抓取回来的网页更新 WebDB，根据更新后的 WebDB 生成新的 Fetchlist，里面是未抓取的或者新发现的 URLs；最后下一轮抓取循环重新开始。

（二）Heritrix

Heritrix 是互联网档案馆（Internet Archive，IA）开放源码，可扩展的 Web 爬虫项目，该项目始于 2003 年年初，目的是开发一个特殊的爬虫，归档网络资源，建立网络数字图书馆。① Heritrix 是 SourceForge 上的开源产品，第一个版本发布于 2004 年 1 月②，通过互联网档案馆和其他研究者们不断的改进，至今已成为一个比较成熟的开源爬虫并已得到广泛应用。

Heritrix 主要有三大部件：范围部件、边界部件和处理器链。范围部件主要按照规则决定将要进入抓取队列的 URI；边界部件用于跟踪已被收集和将被收集的 URI，选择下一个 URI，剔除已处理过的 URI；处理器链包含若干处理器，获取 URI 和分析结果，并传回给边界部件。

---

① Mohr G，Stack M，Ranitovic I，et al.An Introduction to Heritrix：An Open SourceArchival Quality Web Crawler[C].In：Proceedings of the 4th International Web ArchivingWorkshop(IWAW'04)，Bath UK，Internet Archive，USA，2004.

② Heritrix：Internet Archive Web Crawler.[2011-11-10].http://sourceforge.net/projects/archive-crawler/files/.

处理器链包括:预取链、提取链、抽取链、写链和后处理链。预取链主要是做一些准备工作,如对抓取任务进行延迟和重新处理;提取链主要是获得资源、进行 DNS 转换等;抽取链用于抽取 HTML、JavaScript 等;写链主要是存储爬行结果,返回内容和抽取特性;后处理链主要是做最后的维护,如测试不在抓取范围内的 URI,提交给边界部件。

Heritrix 具有良好的配置:①可设置工作线程数;②可设置所利用的最大带宽;③可设置抓取的最大字节数和最大文档数;④可设置输出日志、归档文件和临时文件的位置;⑤可设置过滤机制,URI 路径深度等。

Heritrix 被设计成一个通用爬虫框架,可插入各种互换组件,改变这些组件,可实现各种不同的收集和归档策略。Heritrix 的架构如图 1-1 所示①,该架构主要包括:Web 管理控制台(Web Administrative Console)、抓取顺序控制器(Cawl Order)、抓取任务总控制器(Crawl Controller)、抓取范围控制器(Scope)、抓取边界控制器(Frontier)、处理器链(Processor Chains)、处理线程(Toe Threads)、服务器缓存(Server Cache)几部分。

Web 管理控制台通过内嵌 Java HTTP 服务器 Jetty,在很多方面是一个独立的 Web 应用,该控制台的 Web 页面允许操作者依次选择一系列组件和参数组成一次抓取任务。抓取顺序控制器是整个抓取工作的起点,记录了创建任务时的一系列设置和任务的所有属性,抓取顺序中的属性需随时读取和检测。抓取任务通过将抓取顺序信息传递给抓取任务总控制器进行初始化,抓取任务总控制器是抓取任务的核心组件,控制着整个任务的流程。在抓取任务总控制器中定义了以下几个组件:抓取范围控制器、抓取边界控制器、处理器链、处理线程和服务器

① Mohr G, Stack M, Ranitovic I, et al. An Introduction to Heritrix: An Open SourceArchival Quality Web Crawler[C]. In: Proceedings of the 4th International Web ArchivingWorkshop(IWAW'04), Bath UK, Internet Archive, USA, 2004.

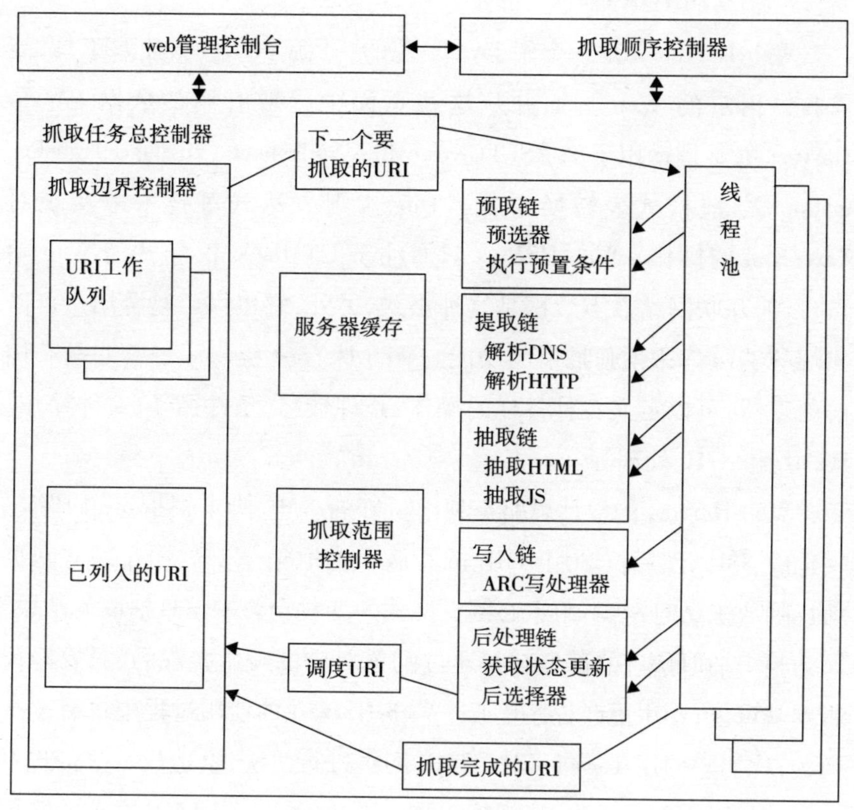

图 1-1 Heritrix 的架构

缓存。

为很好地表示整个处理器链的逻辑结构及它们之间的链式调用关系，Heritrix 用几个应用程序编程接口来表示这种逻辑结构 org.archive.crawler.framework.Processor、org.archive.crawler.framework.ProcessorChain 和 org. archive. crawler. framework. ProcessorChainList。处理器链列表（ProcessorChainList）保存了 Heritrix 一次抓取任务中设定的所有处理器链，将之作为一个列表。一般每个处理器链列表包括 5 个处理器链：预处理器链、提取链、抽取链、写入链、后处理链，每个处理器链又包括多个同种类型的处理器。

(三)Web-Harvest

Web-Harvest[①] 是一个用 Java 实现的,开源 web 数据抽取工具,能够收集指定的 Web 页面并从这些页面中提取有用的数据。Web-Harvest 主要是运用了像 XSLT(Extensible Stylesheet Language Transformations,扩展样式表转换语言),Query,则表达式等技术来实现对 Text/Xml 的操作。Web-Harvest 只专注于 HTML/XML 格式的 Web 站点,目前互联网站点多数都是这种格式,另外,它也可以整合用户自己实现的 Java 库来增强抽取的功能。Web-Harvest 提供了一套非常有用的处理器,可以定义各种各样的操作:条件转移、条件循环、文件操作、HTML 和 XML 处理等。

Web-Harvest 的设计思路是利用写好的 XML 脚本把指定的 HTML 转化成 XML,然后再利用 XML 析器从中抽取信息。这样在编写网页信息抽取工具时,就不用担心网页格式的变化会影响信息抽取的结果,因为整个抽取信息的部分都是通过配置对应的脚本实现的,只要修改脚本就可以,不用更改程序代码。Web-Harvest 的使用过程中也有一些问题,比如它使用 Tagsoup 对 HTML 网页进行清洗,会造成一些格式不太规范的网页数据丢失,毕竟现在能够严格遵守 HTML4.0 规范的网页并不多,更多的是 XML 出现之前就已经存在的网页。现在的 Web 信息抽取使用 XML 技术实现无疑是比较理想的,Web-Harvest 已经搭建了一个可供选择的抽取模型,如何解决对大量不规范网页的无损 XML 转换,将是这个工具能否运用到实际中的关键环节。Web-Harvest 的每个提取过程都被定义在一个或多个基于 XML 的配置文件中,而且被描述为特定的或是结构化的 XML 元素中。

Web-Harvest 主要着眼于目前仍占大多数的基于 HTML/XML 的页

---

① Web-Harvest[EB/OL].[2012-09-20].http://web-harvest.sourceforge.net/index.php.

面内容，同时，也能通过写自己的 Java 方法扩展其提取能力。Web-Harvest 的主要目的是加强对现有数据提取技术的应用，它的目标不是创造一种新方法，而是提供一种更好地使用和组合现有方法的方式。Web-Harvest 提供了一系列数据处理和控制流程的处理器，每一个处理器被看作是一个函数，而且处理是被组合成一个管道的形式，这样使得它们可以以链式的形式来执行。为了更易于数据操作和重用，Web-Harvest 还提供了变量上下文，用于存储已经声明的变量。Web-Harvest 管道式处理器的执行结果可以存储在执行中创建的文件中或者是编程时的上下文环境中使用。Web-Harvest 的每个抽取过程都是由用户定义 XML 来实现的，以管道的形式执行整个过程，并且定义了它们的执行顺序，一个处理器的输出是另一个处理器的输入。Web-Harvest 管道式处理器执行流程如图 1-2 所示。

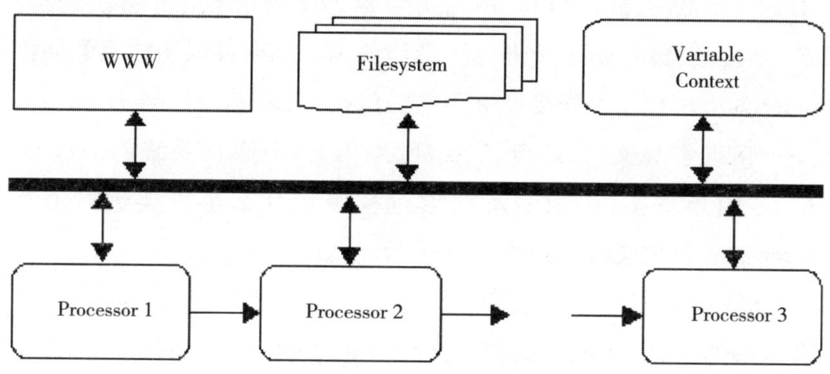

图 1-2 Web-Harvest 管道式处理器执行流程

(四) JSpider

JSpider① 是由 Java 实现的，一个较容易扩展和配置的开源项目。JSpider 是一个引擎，而不是一个应用程序，是一个高度灵活的、可配置的网络机器人引擎。JSpider 的执行格式如下：Jspider [URL] [Config-

① JSpider User Manual[EB/OL].[2012-09-20].http://j-spider.sourceforge.net/.

Name]

URL 要加上协议名称,如:http://,否则会报错;若省掉 ConfigName,则采用默认配置。

JSpider 的抓取操作是由配置文件具体配置的,比如采用什么插件,结果存储方式等,都在 conf\[ConfigName]\目录下设置。JSpider 默认的配置种类较少,用途也不大,但是 JSpider 非常容易扩展,可以根据自己的需求开发插件,利用它开发强大的网页抓取与数据分析工具。

JSpider 框架主要包括 JSpider 引擎核心(JSpider Engine Core)、JSpider 应用程序编程接口(JSpider API)和 JSpider SPI 三部分。JSpider 引擎核心是 JSpider 的主要部分,实现 JSpider 的基本功能。JSpider 的 SPI 组件主要部分包括:规则(Rules),决定 JSpider 获取和处理哪些资源。通过全局或者单个网站为基础组建一套规则,可以定义 JSpider 的抓取操作和范围;插件(Plugins),可以根据配置来叠加和替换的功能模块;事件过滤器(Event Filters),选择处理什么事件或者独立的插件。JSpider 的应用程序编程接口组件主要包括:对象模型(Object Model),JSpider 的搜索对象,如站点、URL、网站内容等;事件系统(Event System),一组事件类,用来表示搜索过程中用什么事件类进行搜索。JSpider 的主要构成框架如图 1-3 所示。

JSpider 有两种可用的形式:一个独立的应用程序(JSpider 本身);一套有用的工具(JSpider-tool)。JSpider 的主要应用是网络机器人,抓取网络资源、解析结果的内容、搜索并获取新链接等,整个过程是可配置的,并且只有满足某些规则的资源才会被抓取或解析。JSpider 可以较容易地限制抓取过程:某个特定的 Web 站点、一组特定的 Web 站点、某个 Web 站点中的一部分、某些类型的资源、从其他网站引用来的资源等。在抓取过程中及抓取完成后,抓取报告会写入磁盘中,抓取到的资源会被下载到本地文件夹中。JSpider-tool 是一个基于 JSpider 的工具,它的目标不是抓取配置规则内的所有资源,而是单一的网页资源

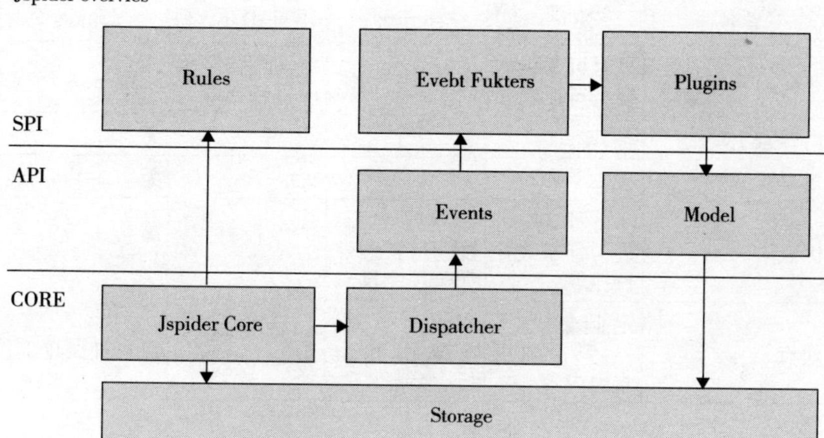

图 1-3 JSpider 的主要构成框架

(URL):下载文件、显示 web 资源的内容、显示 Web 资源的所有信息等。

二、爬虫工具比较分析

针对上述主要的开源网络爬虫,课题组从适用平台、开发语言、操作方式、定制能力、Web 抓取功能、抓取内容完整性、内容索引功能、集群扩展能力及主要优缺点方面进行比较,比较结果见表 1-1。

表 1-1 主要开源网络爬虫工具比较

工具名称	Nutch	Heritrix	Web-Harvest	JSpider
使用平台	Windows/Linux	Windows/Linux	Windows/Linux	Windows/Unix
开发语言	Java	Java	Java	Java
操作方式	命令行	web 界面	命令行/web 界面	命令行
定制能力	不强	很强	较强	较弱
Web 抓取功能	有	有	有	有

续表

工具名称	Nutch	Heritrix	Web-Harvest	JSpider
抓取内容完整性	只对可索引内容进行抓取	完整	对网页特定字段进行抓取	完整
内容索引功能	有	无	无	无
集群扩展能力	有	无	无	无
优点	功能丰富，可进行分布式并行抓取	功能强大，高度的可扩展性和可控制性	扩展性好，无需硬编码	高度灵活，易扩展
缺点	定制能力不强，只抓取可索引内容	配置复杂，没有索引和解析、容错性差	处理过程较多，速度较慢	配置种类较少

上述 4 种网络爬虫工具在功能上各有不同，Nutch 不仅提供了网页抓取功能，还提供了网页解析、建立连接数据库、对网页进行评分、建立 Lucence 索引和提供检索界面等功能。①②③ Heritrix 提供了丰富的抓取设置选项，主要用来获取完整的、精确的站点内容深度复制，包括获取图像以及其他非文本内容。Web-Harvest 以用户所指定的网页为抓取起始页，通过规则表达语法进行多层抓取，并抽取网页中以 XPath 表达的内容片断，形成 XML 文档。④ JSpider 的主要应用是抓取网络资源、解析结果内容、搜索并获取新链接等，整个过程是可配置的，并且只有满足某些规则的网络资源才会被抓取或解析。⑤ Nutch 和 JSpider 通过命令行进行操作，Heritrix 通过 web 界面执行操作，Web-Harvest 既可

① Nutch[EB/OL].[2011-09-29].http://wiki.apache.org/nutch/.

② DougCutting.Nutch, Open-SourceWeb Search[EB/OL].[2011-09-29].http://wiki.apache.org/nutch-data/attachments/Presentations/attachments/www 2004.pdf.

③ 徐健、张智雄：《基于 Nutch 的 Web 网站定向采集系统》，《现代图书情报技术》2009 年第 4 期。

④ Web-Harvest[EB/OL].[2012-09-20].http://web-harvest.sourceforge.net/index.php.

⑤ JSpider User Manual[EB/OL].[2012-09-20].http://j-spider.sourceforge.net/.

以通过命令行又可以通过 web 界面执行抓取任务。

Heritrix 与 Nutch 实现的原理基本一致:深度遍历网站资源,将这些资源抓取到本地,分析网站每一个有效的 URI,并提交 http 请求,从而获得相应结果,生成本地文件及相应的日志信息等。Nutch 只获取并保存可索引的内容、可以修剪内容,或者对内容格式进行转换。Nutch 保存内容为数据库优化格式便于后续的索引,还可以刷新替换旧的内容,但是 Nutch 的定制能力不够强,不过现在已经有了一定改进。Heritrix 抓取并存储相关内容,不对页面进行内容上的修改,力求保存页面原貌,对相同的 URI 重新爬行不对之前的进行替换,而是追加新内容。Heritrix 通过 web 用户界面启动、监控、调整,允许弹性的定义要获取的 URI。Heritrix 的功能强大,可控制的参数很多,但是没有索引和解析,对于重复爬取 URI 处理得不是很好。

Web-Harvest 扩展性好,抓取的规则和逻辑由 XML 控制,无须硬编码,最大的方便在于抓取不同对象的数据只要修改配置文件即可,但是处理过程比较多,对应的速度较慢。JSpider 被设计的较容易扩展和配置,是一个高度灵活的、可配置的网络机器人引擎,用户可以根据自己的需求开发插件,利用它实现强大的网页抓取与数据分析工具,但是 JSpider 默认的配置种类较少,且用途也不大。

通过对 4 种开源网络爬虫工具进行比较分析可以得知,Heritrix 具有突出的功能特征。①可扩展性:Heritrix 抓取任务由多个处理器合作完成,每个处理器都可在 order.xml 文件中配置,使用者可以自己扩展并使用各个处理器,只要继承相关的父类即可。② 可控制性:用户可针对不同的主机配置不同的抓取策略,高度控制抓取速度、抓取规模、抓取时间等。③功能全面:Heritrix 会保存抓取过的主机,并放在内存中,如果再次从这个主机中抓取数据就可以避免很多重复性的东西;Heritrix 使用多线程进行抓取,有很好的 web 界面管理功能,可以动态地获知抓取情况,如抓取速度、下载字节数等。④占用资源少:运行

Heritrix 占用的资源较少,Heritrix 在运算和 IO 操作上控制得较好,而且这些操作都可以配置,比如下载 URI 将它写到本机每个线程最多占用多少内存。基于上述分析,在本文的抓取任务中选择 Heritrix 作为 web 站点抓取工具。

第二节 Hadoop 平台

随着 Internet 数据的爆炸性增长,传统的技术架构越来越不适应当前海量数据处理的要求,同时开源软件的蓬勃发展,Hadoop 就是在这种背景下出现。经过调查目前主要的海量文献并行处理的平台有单机系统、分布式系统和数据处理系统等,Hadoop 相对于其他并行处理平台在处理大数据方面具有明显优势,尤其在互联网领域,所以应选择 Hadoop 作为海量网络学术文献的并行处理的平台。

一、Hadoop 与其他系统的比较

(一)Hadoop 相对于单机系统

摩尔定律在过去几十年间都是较适用的,但解决大规模的计算问题却不能单纯依赖于制造越来越大型的服务器,有一种替代方案已经获得普及,即把许多低端、商用的机器组织在一起,形成一个功能专一的分布式系统。

为了理解盛行的分布式系统(俗称向外扩展)与大型单机服务器(俗称向上扩展)之间的对比,需要考虑现有的 I/O 技术的性价比。对于一个有 4 个 I/O 通道的高端机,即使每个通道的吞吐量各为 100M/sec,读取 4TB 的数据集也需要 3 个小时;而利用 Hadoop,同样的数据集会被划分为较小的块(通常为 64M),通过 Hadoop 分布式文件系统分布在集群机器上,使用适度的复制,集群可以并行读取数据,进而提供很高的吞吐量,这样一组通用机器比一台高端服务器成本要低。

（二）Hadoop 与其他分布式系统

分布式计算一个众所周知的方法是 SETI@ home。① 在 SETI@ home，一台中央服务器存储来自太空的无线电信号，并在网上发布给世界各地的客户端台式机去寻找异常的迹象。SETI@ home 采用将数据移动到计算代码的方法，经过计算后，再将返回的数据结果存储起来。

SETI@ home 需要客户端和服务器之间重复地传输数据，这虽能很好地适应计算密集型的工作，但是处理数据密集型任务时，由于数据规模太大，移动数据变得十分困难。Hadoop 在对待数据的理念上与 SETI@ home 的机制不同，Hadoop 强调把代码向数据迁移。Hadoop 集群内部既包含数据又包含计算环境，客户端仅需要发送待执行的 MapReduce 程序，而这些程序一般都很小（通常为几千字节）。代码向数据迁移的理念还被应用在 Hadoop 集群本身，数据被拆分后再在集群汇总分布，并且尽可能在同一台机器上计算同一段数据。这种代码向数据迁移的理念符合 Hadoop 面向数据密集型处理的设计目标，要运行的程序在规模上比数据小几个数量级，所以代码比数据更容易移动。

（三）Hadoop 与数据处理系统

当前，大多数应用中数据处理的主力是标准的关系型数据库，但是结构化查询语言（Structured Query Language，SQL）是针对结构化数据设计的，而 Hadoop 最初的许多应用针对的是非结构化数据，从这个角度来看，Hadoop 比 SQL 提供了一种更为通用的模式。

Hadoop 与典型 SQL 数据库相比较，主要有以下几个方面的不同：

①用向外扩展代替向上扩展。扩展商用关系型数据库的代价是非

---

① SETI@ home[EB/OL].[2011-10-26].http://setiathome.berkeley.edu/sah_about.php.

常高的，它们的设计更容易向上扩展，要运行一个更大的数据库，就需要买更大的机器。事实上，高端的机器对于许多应用来说并不经济，例如，性能4倍于标准PC机的机器，其成本将大大超过将同样的4台PC机放在一个集群中。Hadoop的设计就是为了能够在商用PC机集群上实现向外扩展，添加更多的资源，对于Hadoop集群就是增加更多的机器。

②用键/值对代替关系表。关系型数据库的一个基本原则是让数据按某种模式存放在具有关系型数据结构的表中，虽然关系模型具有大量形式化的属性，但是许多当前的应用所处理的数据类型并不能很好地适合这个模型，文本、图片和XML文件是最典型的例子。大型数据集往往是非结构化或半结构化的，Hadoop使用键/值对作为基本单元，可足够灵活地处理较少结构化的数据类型。在Hadoop中，数据的来源可以有任何形式，但最终会转化为键/值对以供处理。

③用函数式编程(MapReduce)代替声明式查询(SQL)。SQL从根本上说是一个高级声明式语言，数据查询手段是首先声明查询结构，然后让数据库引擎判定如何获取数据。在MapReduce中，实际的数据处理步骤由客户端指定，很类似于SQL引擎的一个执行计划。SQL使用查询语句，而MapReduce则使用脚本和代码，利用MapReduce可以用比SQL查询更为一般化的数据处理方式。

④用离线批量处理代替在线处理。Hadoop是专门为离线处理和大规模数据分析而设计的，它并不适合那种对几个记录随机读写的在线事物处理模式。事实上，Hadoop最适合一次写入、多次读取的数据存储需求，在这方面它就像SQL中的数据仓库。

二、Hadoop项目及结构

Hadoop是Apache软件基金会旗下的一个开源项目，目前，Hadoop已发展成为包含Hadoop Common、Hadoop分布式文件系统(Hadoop Distributed File System，HDFS)、Hadoop MapReduce三个子项目和Avro、

Cassandra、Chukwa、Hbase、Hive、Mahout、Pig、ZooKeeper 八个相关子项目的集合。① 虽然 Hadoop 核心内容是其分布式文件系统和 MapReduce 计算模型，但是其他子项目也是不可或缺的，提供了互补性服务或在核心层上提供了更高的服务。② Hadoop 是一个开源框架，通过在大规模集群计算机中使用简单的编程模型，可编写和运行分布式应用程序处理大规模数据，是目前应用广泛的开源并行编程框架。

HadoopCommon 是一套支持 Hadoop 其他子项目的工具，主要由一系列分布式文件系统、远程过程调用和序列化库等构成，为在廉价的硬件上搭建云计算环境提供基本服务，并且为运行在该运平台上的软件开发提供了所需的应用程序编程接口。③ HDFS 是一个分布式文件系统，可以通过提供高吞吐率来访问应用程序的数据，适合那些有着超大数据集的应用程序，HDFS 具有高容错性的特点，可以设计部署在低廉的硬件上。HDFS 放宽了可移植操作系统接口的要求，可实现以流的形式访问文件系统中的数据。Hadoop MapReduce 是一个在计算机集群上并行处理海量数据集的编程框架。

Hadoop 的相关子项目有：数据流高层语言 Pig，结构化数据库 HBase，数据库管理系统 Cassandra，可扩展的数据仓库 Hive，数据序列化系统 Arvo，可伸缩的机器学习算法 Mahout，高性能分布式协同服务 ZooKeeper 和面向大规模分布式系统的数据收集软件 Chukwa。

HBase④ 是一个分布式的、面向列的开源数据库，适合于存储非结构化数据，该技术源于 Google 的 Bigtable，主要用于需要随机访问、实时读写的大数据。Hbase 存储的是松散型数据，使用 HDFS 作为底层

---

① Welcome to Apache™ Hadoop™！[EB/OL].[2011-09-20]. http://hadoop.apache.org/.

② 参见陆嘉恒：《Hadoop 实战》，机械工业出版社 2011 年版。

③ 参见陆嘉恒：《Hadoop 实战》，机械工业出版社 2011 年版。

④ Apache Hbase[EB/OL].[2012-02-26].http://hbase.apache.org/.

存储，同时支持 MapReduce 的批量式计算和点查询。

Avro① 是用于数据序列化的系统，可以将数据结构或对象转化成便于存储或传输的格式，特别是设计之初，用于支持数据密集型应用，适合于大规模数据的存储和转换。Arvo 可以提供丰富的数据结构类型，快速可压缩的二进制数据格式，存储持久数据的文件集，远程过程调用和简单的动态语言集成功能。

Chukwa② 是一个开源的数据收集和分析系统，用于监控和分析大型分布式系统的数据。Chukwa 是在 Hadoop 的 HDFS 和 MapReduce 框架之上搭建的，通过 HDFS 来存储数据，并依赖于 MapReduce 任务处理数据，采用流式数据处理方式和模块化结构的收集系统。Chukwa 中附带了灵活且强大的工具，用于显示、监测和分析数据结果，以便更好地利用所收集的数据，同时还继承了 Hadoop 的可扩展性和健壮性。

Hive③ 是一个建立在 Hadoop 基础之上的分布式数据仓库，用于整理、查询和分析 Hadoop 文件中存储的数据集。Hive 是 Hadoop 的一个重要子项目，Hive 的出现极大地推动了 Hadoop 在数据仓库方面的发展。Hive 提供了数据抽取、转换和加载工具，数据存储管理和大型数据集的查询与分析功能。Hive 利用 MapReduce 编程技术，实现了部分 SQL 语句，提供了类 SQL 的编程接口，还定义了类 SQL 的语言 Hive QL，允许用户进行和 SQL 相似的操作。Hive QL 还允许开发人员方便地使用 Mapper 和 Reducer 操作，这样对 MapReduce 框架是一个强有力的支持。Hive 拥有低约束的数据输入格式，还具有良好的容错性和可扩展性，基于 Hadoop 平台，可以自动适应机器数和数据量的动态变化。

---

① Apache Avro™ 1.6.2 Documentation [EB/OL]. [2012-02-26]. http://avro.apache.org/docs/ current/.

② Welcome to Chukwa! [EB/OL]. [2012-02-26]. http://incubator.apache.org/chukwa/.

③ The Hive Project[EB/OL].[2012-02-27].http://hive.apache.org/.

Hive 的缺点是在任务执行时会出现延迟现象,不提供实时查询和在线事务处理,也不提供数据排序和查询缓存的功能。

Pig[①] 是一个对大规模数据集进行分析和评估的平台,包括用来描述数据分析程序的高级程序语言,以及对这些程序进行评估的基础结构。Mahout[②] 的主要目标是建立可伸缩的机器学习算法,这种可伸缩性是针对大规模数据集而言的。Mahout 提供了一些经典的机器学习算法,目前 Mahout 主要包括四个部分:文本聚类、文本分类、推荐引擎、频繁项集的挖掘。ZooKeeper[③] 是一个为分布式应用开发所设计的开源协调服务,可以为用户提供同步、配置管理、分组和命名等服务。ZooKeeper 是使用 Java 编写的,目前支持 Java 和 C 语言两种编程语言。Cassandra[④] 最初由 Facebook 开发,后转变成为开源项目,是由一系列数据库节点共同构成的一个分布式网络服务,对 Cassandra 的一个写操作会被复制到其他节点上去,对 Cassandra 的读操作,也会被路由到某个节点上面去读取。Cassandra 以 Amazon 专有的完全分布式的 Dynamo 为基础,结合了 Google BigTable 基于列的数据模型。

Hadoop 具有诸多优点:①良好的扩展性。通过简单地增加集群节点,可处理更大规模的数据集。②可靠性。Hadoop 致力于运行在一般商用硬件上,其架构假设硬件会频繁失效,它可从容地处理大多数故障。③高效性。Hadoop 集群的存储和计算能力非常强,适合有超大数据集的应用程序。④经济性。Hadoop 运行在一般商用机器构成的大型集群上,或者如亚马逊弹性计算云(EC2)等云计算服务器之上。⑤易用性。Hadoop 方便、简单,用户可快速搭建自己的 Hadoop 集群,并编写出高效的并行代码。

---

① Welcome to Apache Pig! [EB/OL].[2012-02-27].http://pig.apache.org/.

② Mahout[EB/OL].[2012-02-27].http://mahout.apache.org/.

③ Apache ZooKeeper[EB/OL].[2012-02-27].http://zookeeper.apache.org/.

④ Cassandra [EB/OL].[2012-02-27].http://cassandra.apache.org/.

Hadoop 也存在一些不足,由于系统开销等原因,处理小规模数据的速度不一定比串行程序快,而且单机处理数据的性能较低;若计算时产生的中间结果文件非常大,Reduce 过程需要通过远程过程调用来获取中间结果文件,这样会加大网络传输开销;作为一个比较新的项目,Hadoop 在很多方面还需提升,包括稳定性、易用性、可维护性、可测试性等,特别是在 MapReduce 层,还未解决线性扩展问题。

三、Hadoop 分布式文件系统

(一)HDFS 简介

HDFS 是 Hadoop 的一种分布式文件系统,可用于 MapReduce 框架下大规模分布式数据处理。HDFS 可通过提供高吞吐率来访问应用程序的数据,适合那些有着超大数据集的应用程序。HDFS 具有高容错性的特点,可以设计部署在低廉的硬件上,同时,HDFS 放宽了可移植操作系统接口的要求,可以实现以流的形式访问文件系统中的数据。

1. HDFS 的主要特点:

①处理超大文件。超大文件通常是指数百 MB、数百 TB,甚至是 PB 级大小的文件,运行在 HDFS 上的应用程序一般需要处理海量数据。HDFS 的重点是提供高数据吞吐量而不是低数据访问延迟,HDFS 被优化以支持大文件。

②基于流模式访问数据。运行在 HDFS 上的应用程序需要能够获得对其数据的流式访问,HDFS 的设计建立在更多地响应“一次写入,多次读取”任务基础之上,这就意味着数据集一旦由数据源生成,就会被发到不同节点中,然后响应各种各样的数据分析任务请求。在多数情况下,分析任务都会涉及数据集中的大部分数据,对 HDFS 来说,请求读取整个数据集要比读取一条记录更加高效。

③运行于廉价的商用集群机器上。Hadoop 对硬件要求比较低,只需运行在廉价的商用硬件集群上,但是,廉价的商用机意味着集群出现

节点故障的概率非常高，这就要求在设计 HDFS 时要充分考虑数据的可靠性、安全性及高可用性。①②

2. HDFS 的局限性

①不适合低延迟数据访问。HDFS 是为了处理大型数据集分析任务的，主要为达到高数据吞吐量而设计，这就可能要以高延迟作为代价。如果要处理一些用户要求时间比较短的低延迟应用请求，则 HDFS 不合适。

②无法高效存储大量小文件。在 Hadoop 中需要用名称节点来管理文件系统的元数据，以响应客户端请求返回文件位置等，因此文件数量大小的限制要由名称节点来决定。如果有大量的小文件，那么名称节点的工作压力很大，检索处理元数据的时间就变得不可接受。

③不支持多用户写入及任意修改文件。在 HDFS 中，一个文件中只有一个写入者，而且写操作只能在文件末尾完成，即只能执行追加操作。目前 HDFS 还不支持多个用户对同一个文件的写操作，以及在文件任意位置进行修改。

（二）HDFS 整体架构

1. HDFS 中的块

操作系统中有文件块的概念，文件以块的形式存储在磁盘中，块大小代表系统能够读写的最小数据量。文件系统每次只能操作磁盘块大小的整数倍数据，通常来说，一个文件系统块为几千字节，而磁盘块大小为 512 字节。HDFS 也有块的概念，不过比操作系统中所说的块要大得多，默认为 64MB。和单机上的文件系统相同，HDFS 分布式文件系统中的文件也被分成块进行存储，它是文件存储处理的逻辑单

---

① Nutch[EB/OL].[2011-09-29].http://wiki.apache.org/nutch/.

② 参见朱珠：《基于 Hadoop 的海量数据处理模型研究和应用》，硕士学位论文，北京邮电大学，2008 年。

元,但与其不同的是,HDFS 中小于一个块大小的文件不会占据整个块空间。

HDFS 中的块是一个抽象概念,作为分布式文件系统,HDFS 被设计用来处理大文件,使用抽象块会带来很多好处。第一个好处是,一个文件可以大于网络中任意一个磁盘的容量,文件的分块不需要存储在同一个磁盘上,可以利用集群上的任意一个磁盘;第二个好处是,使用抽象块而不是文件,作为操作单元,可简化存储子系统。简化存储子系统是所有系统的追求,但对于故障种类繁多的分布式系统来说尤为重要,存储子系统控制的是块,简化了存储管理。HDFS 的块大小是固定的,这样就简化了存储系统的管理,特别是元数据信息可以和文件块内容分开存储;第三个好处是,块有利于提供容错和实用性而做的复制操作,在 HDFS 中为了处理节点故障,默认将副本数设定为 3 份,分别存储在集群的不同节点上。当一个块损坏时,系统会通过名称节点获取元数据信息,在另外的机器上读取一个副本并进行存储。文件块副本数可以根据需要进行配置,比如在有些应用中,可能会为操作频率较高的文件块,设置较高的副本数量以提高集群的吞吐量。

2. 名称节点与数据节点

HDFS 体系结构中有两类节点:名称节点(NameNode)和数据节点(DataNode)。在 Hadoop 集群中,一般会有一个名称节点和多个数据节点,名称节点管理集群中的任务调度,数据节点是具体任务的执行节点。名称节点通过远程过程调用接口,支持文件系统命名空间中文件和目录的打开、关闭和重命名等操作,决定数据块和数据节点的映射关系。名称节点负责维护文件系统的命名空间和客户端的文件访问,从名称节点中可以获得所有文件每个块所在的数据节点,这些信息不是永久保存的,名称节点会在每次启动系统时动态地自动重建这些信息。当运行任务时,客户端通过名称节点获取元数据信息,和数据节点进行交互以访问整个文件系统。数据节点负责提供文件系统客户端的读写请求,执行来自名称节点的数据块创建、删除和复制指令。① 数据节点用来存储文件块,以被客户端和名称节点调用,同时,通过心跳通信机制定时向名称节点发送所存储的文件块信息。

3. 整体架构

HDFS 采用 Master/Slave 架构对文件进行管理,一个 HDFS 集群由一个名称节点和一定数目的数据节点组成。名称节点是一个中心服务器,负责确定数据块到具体数据节点的映射,管理文件系统的命名空间及客户端对文件的访问,执行文件系统的命名空间操作,比如打开、关闭、重命名文件或目录。数据节点负责处理文件系统客户端的读/写请求,在名称节点的调度下进行数据块的创建、删除和复制。集群中一般是一个节点运行一个数据节点进行,负责管理其所在节点上的数据存储。

HDFS 整体架构如图 1-4 所示。副本存放与读取策略是 HDFS 提高可靠性和性能的关键,优化副本存放策略,也正是 HDFS 区别于其他大部分分布式文件系统的重要特性。HDFS 采用一种称为机架感知(Rack-Aware)的策略来改进数据的可靠性、可用性和网络带宽的利用率。②

一方面,通过一个机架感知的过程,名称节点可以确定每个数据节点所属的机架 ID。目前 HDFS 采用的策略就是将副本存放在不同的机架上,这样就可以有效防止整个机架失效时数据的丢失,并且允许数据读取时,充分利用多个机架的带宽。这种策略设置可以将副本均匀地分布在集群中,有利于在组件失效情况下的负载均衡,但是因为这种策略的写操作需要传输数据块到多个机架,增加了写操作成本。在多数情况下,HDFS 的副本数是 3,存放策略是将一个副本存放在本地机架的节点上,另一个副本存放在同一个机架的另一个节点上,最后一个

---

① 参见朱珠:《基于 Hadoop 的海量数据处理模型研究和应用》,硕士学位论文,北京邮电大学,2008 年。

② HDFS Architecture Guide [EB/OL]. [2012-02-27]. http://hadoop.apache.org/common/docs/current/hdfs_design.html.

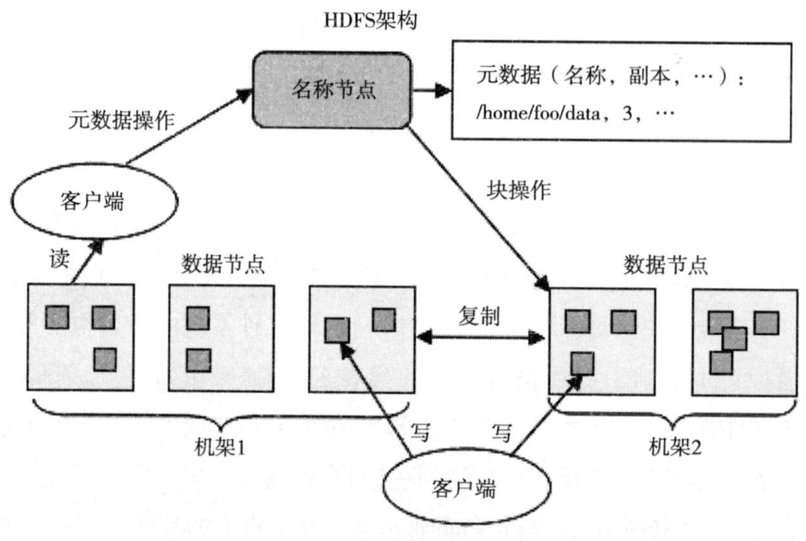

图 1-4　HDFS 的整体架构

副本放在不同机架的节点上。这种策略减少了机架间的数据传输，提高了写操作效率。

另一方面，在读取数据时，为了减少整体的带宽消耗，降低整体成本的带宽延迟，HDFS 让读程序读离客户端最近的副本。如果在读程序的同一个机架上有一个副本，那么就会读取该副本；如果一个 HDFS 集群跨越了多个数据中心，那么，客户端也将首先读取本地数据中心的副本。

（三）HDFS 的数据流

HDFS 的设计建立在一次写入、多次读取的思想上，基于流数据模式访问和处理超大文件。①

1. 文件的读取（见图 1-5）

①客户端通过调用 FileSystem 对象中的 open（）函数来读取它需要的数据，FileSystem 是 HDFS 中分布式文件系统的一个实例。

① White T.Hadoop:The Definitive Guide[M].O'Reilly Media,2009.

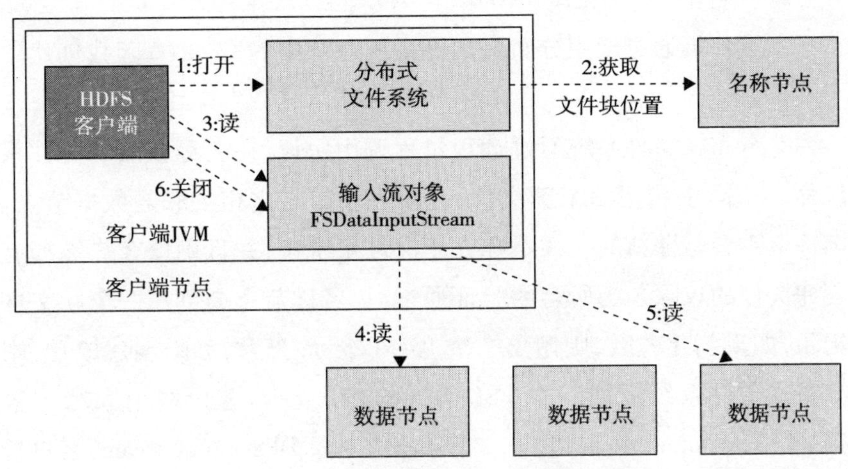

图 1-5　客户端从 HDFS 中读取数据

②分布式文件系统通过远程过程调用协议,调用名称节点确定请求文件块的位置。节点会返回所调用文件中开始的几个块而不是全部返回,对于每个返回的文件块,都包含块所在的数据节点地址。分布式文件系统会向客户端返回一个支持文件定位的输入流对象 FSDataInputStream,用于给客户端读取数据。FSDataInputStream 包含一个 DFSInputStream 对象,这个对象用来管理数据节点和名称节点之间的 I/O。

③客户端在这个输入流之上调用 Read( ) 函数。

④DFSInputStream 对象中包含文件开始部分的数据块所在的数据节点地址,首先它会链接包含文件第一块最近的数据节点,随后,在数据流中重复调用 Read( ) 函数,直到这个块全部读完为止。

⑤当最后一个块读取完毕时,DFSInputStream 会关闭链接,并检查存储下一个数据块距离客户端最近的数据节点。

⑥客户端完成所有文件的读取时,会在 FSDataInputStream 中调用 Close( ) 函数。

2. 文件的写入(见图 1-6)

①客户端通过调用分布式文件系统对象中的 Creat( )函数创建一个文件。

②分布式文件系统通过远程过程调用协议,在名称节点的文件系统命名空间中调用一个新文件,此时还没有与之相关联的数据节点。名称节点会验证新的文件不存在于文件系统中,并且确保客户端拥有创建文件的权限。当所有的验证通过时,名称节点会创建一个新文件记录,如果创建失败,则抛出一个 IOException 异常;如果创建成功,则分布式文件系统返回一个 FSDataOutputStream 给客户端用来写入数据。FSDataOutputStream 包含一个数据流对象 DFSOutputStream,客户端使用它来处理数据节点和名称节点之间的通信。

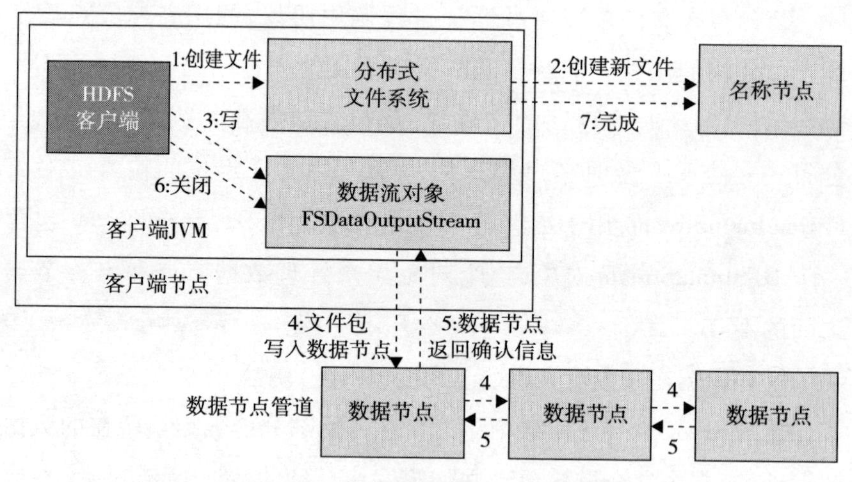

图 1-6 客户端将数据写入 HDFS

③当客户端写入数据时,DFSOutputStream 会将文件分割成一个个的包,然后放入一个内部队列,即数据队列。

④数据队列将这些小的文件包放入数据流中,请求名称节点为新的文件包分配合适的数据节点存放副本。返回的数据节点列表形成一

个管道,假设副本数是 3,那么管道中就会有 3 个数据节点。数据队列将文件包以流的方式传送给队列中的第一个数据节点,第一个数据节点会存储这个包并发送给第二个数据节点,同样,第二个数据节点存储文件包并且传送给第三个数据节点。

⑤DFSOutputStream 同时也会保存一个包的内部队列,用来等待管道中的数据节点返回确认信息,这个队列被称为确认队列。

⑥客户端成功完成数据写入后,就会调用 Close( )函数关闭数据流。

⑦在连接名称节点确认文件写入完成之前,数据流关闭操作会将所有剩下的文件包放入到数据节点管道,等待通知确认信息。

四、MapReduce 编程模型

(一)MapReduce 编程模型原理

MapReduce① 是由谷歌推出的一个编程模型,也是一个能处理和生成超大数据集的算法模型,该架构能够在大量普通配置的计算机上实现并行化处理。MapReduce 易于实现且扩展性强,可以使用 Ruby、Python、PHP 和 C++等非 Java 类语言编写 Map 或 Reduce 程序。MapReduce 适合于处理大规模数据集,目前,MapReduce 已被广泛应用于日志分析、海量数据排序、特定模式查找等场景中。

MapReduce 编程模型结合用户实现的 Map 和 Reduce 函数,可完成大规模的并行化计算。MapReduce 编程模型的原理②是:用户自定义的 Map 函数处理一个输入的基于 Key/Value 对的集合,输出中间基于 Key/Value 对的集合,MapReduce 库把中间所有具有相同 Key 的 Value

① Dean J,Ghemawat S.MapReduce:Simplified Data Processing on Large Clusters[C]. In:Proceedings of 6th Symposium on Operating System Design and Implementation (OSDI 2004).San Francisco,California,USA,USENIX Association,2004:137-150.

② Dean J,Ghemawat S.MapReduce:Simplified Data Processing on Large Clusters[C]. In:Proceedings of 6th Symposium on Operating System Design and Implementation (OSDI 2004).San Francisco,California,USA,USENIX Association,2004:137-150.

值集合在一起后传递给 Reduce 函数,用户自定义的 Reduce 函数合并所有具有相同 Key 的 Value 值,形成一个较小 Value 值的集合。一般地,一个典型的 MapReduce 程序的执行流程如图 1-7 所示。

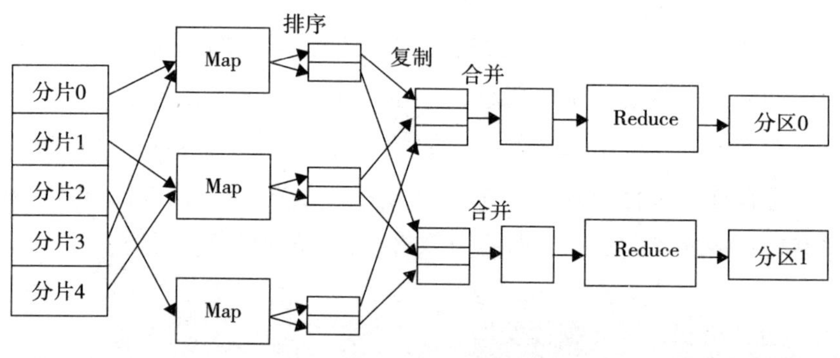

图 1-7　MapReduce 执行流程

MapReduce 执行过程主要包括:①将输入的海量数据切成片分给不同的机器处理;②执行 Map 任务的 worker 将输入数据解析成 Key/Value 对,用户定义的 Map 函数把输入的 Key/Value 对转成中间形式的 Key/Value 对;③按照 Key 值对中间形式的 Key/Value 进行排序、聚合;④把不同的 Key 值和相应的 Value 集分配给不同的机器,完成 Reduce 运算;⑤输出 Reduce 结果。任务成功完成后,MapReduce 的输出存放在 R 个输出文件中,一般情况下,这 R 个输出文件不需要合并成一个文件,作为另外一个 MapReduce 的输入,或者在另一个可处理多个分割文件的分布式应用中使用。

(二)MapReduce 的数据类型与格式

MapReduce 的数据模型较简单,它的 Map 和 Reduce 函数使用 Key/Value 对进行输入和输出,Map 和 Reduce 函数遵循的形式见表 1-2。

MapReduce 库支持多种不同格式的输入数据类型,如文本模式的输入数据,每一行被视为一个 Key/Value 对,Key 是文件的偏移量,

Value 是该行的文本内容。① MapReduce 的预定义输入类型能够满足大多数的输入要求，使用者还可通过提供一个简单的 Reader 接口，实现一个新的输入类型。MapReduce 还提供了预定义的输出类型，通过这些预定义类型能够产生不同格式的输出数据，用户可采用类似添加新输入数据类型的方式增加新输出类型。

表 1-2　MapReduce 函数数据模型

函数	输入	输出
Map	(k1,v1)	list(k2,v2)
Reduce	(k2,list(v2))	list(k3,v3)

（三）Hadoop MapReduce 作业执行流程

在 Hadoop 中，用于执行 MapReduce 任务的机器有两种：Jobtracker 和 Tasktracker。Hadoop MapReduce 框架包括一个 Jobtracker 和一定数量的 Tasktracker，Jobtracker 通常运行在和名称节点相同的主机上。Jobtracker 用于调度作业，Tasktracker 用于执行作业。

Hadoop 运行 MapReduce 作业的整个过程如图 1-8 所示，最上层，有 4 个独立的实体，客户端、Jobtracker、Tasktracker 和分布式文件系统②。客户端主要完成代码编写，MapReduce 作业的配置和提交；Jobtracker 用于初始化作业，分配作业，与 Tasktracker 通信，协调整个作业的运行，Jobtracker 是一个 Java 应用程序，它的主类 JobTracker；Tasktracker 保持与 Jobtracker 通信，执行作业划分后分配的任务，Task-

① Dean J，Ghemawat S.MapReduce：Simplified Data Processing on Large Clusters[C]. In：Proceedings of 6th Symposium on Operating System Design and Implementation (OSDI 2004).San Francisco，California，USA，USENIX Association，2004：137-150.

② Dean J，Ghemawat S.MapReduce：Simplified Data Processing on Large Clusters[C]. In：Proceedings of 6th Symposium on Operating System Design and Implementation (OSDI 2004).San Francisco，California，USA，USENIX Association，2004：137-150.

tracker 也是一个 Java 应用程序，它的主类是 TaskTracker；分布式文件系统（一般为 HDFS）用于保存作业数据、配置信息、作业结果等，在其他实体之间共享作业文件。

Hadoop 的 MapReduce 作业执行流程主要包括：

①采用 JobClient 的 runJob( ) 方法，用于新建 JobClient 实例和调用其 submitJob( ) 方法。

②向 Jobtracker 请求一个新作业 ID。

③复制运行作业所需的资源，包括：JAR 文件、配置文件和计算所得的输入划分，将所需资源复制到一个以 ID 号命名目录内的 Jobtracker 文件系统中。

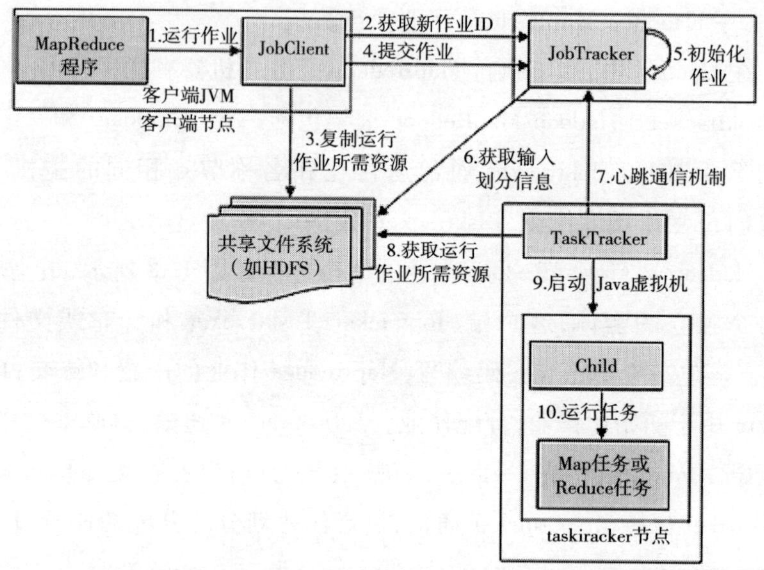

图 1-8　Hadoop MapReduce 作业执行流程图

④通过调用 JobTracker 的 SubmitJob( ) 方法，通知 Jobtracker 作业准备执行。

⑤JobTracker 接收到对其 SubmitJob( ) 方法的调用后，会把此调用

放入一个内部队列中，交由作业调度器进行调度，并对其进行初始化。初始化包括创建一个对象来表示正在运行的作业，该对象封装任务和记录信息，以便跟踪任务的状态和进程。

⑥作业调度器从共享文件系统中获取 JobClient 已计算好的输入划分信息，以创建运行任务列表。

⑦TaskTracker 执行一个简单的循环，定期发送心跳（Heartbeat）方法调用 Jobtracker。心跳方法告诉 Jobtracker，Tasktracker 是否还存活，同时也充当两者之间的消息通道。作为心跳方法调用的一部分，Tasktracker 会指明它是否已经准备运行新的任务，如果是，Jobtracker 会为它分配一个任务，并使用心跳方法返回值与 Tasktracker 进行通信。

⑧Tasktracker 被分配任务后便开始运行任务：首先，它本地化作业的 JAR 文件，将它从共享文件系统复制到 Tasktracker 所在的文件系统，同时，将应用程序所需要的全部文件从分布式缓存复制到本地磁盘；然后，为任务新建一个本地工作目录，并把 JAR 文件中的内容解压到这个文件夹下；最后，新建一个 TaskRunner 实例来运行任务。

⑨TaskRunner 启动新的 Java 虚拟机。

⑩新的 Java 虚拟机运行各个 Map 或 Reduce 任务。Jobtracker 收到作业最后一个任务已完成的通知后，便把作业的状态设置为“成功”，然后，在 JobClient 查询状态时，它将得知任务已经成功完成，所以便显示一条信息告知用户，然后 runJob( ) 方法返回。

（四）Hadoop 流与管道

1. Hadoop 流

Hadoop 流（Hadoop Streaming）①使用 Unix 标准流作为 Hadoop 和

---

① Hadoop Streaming [EB/OL]. [2011 - 12 - 23]. http://hadoop. apache. org/common/docs/r0. 15. 2/streaming.html.

应用程序之间的接口，并允许用除 Java 外的语言编写 Map 和 Reduce 函数，只要编写的 MapReduce 程序能够读取标准输入，并写入到标准输出。

流适用于文字处理，在文本模式下使用时，有一个面向行的数据视图。Map 的输入把标准输入流传输到 Map 函数，并且按行传输，然后再把行写入标准输出，Map 输出的键/值对是以单一的制表符分隔的行来写入的。Reduce 函数的输入具有相同的格式，通过制表符来分隔键/值，传输标准输入流。Reduce 的函数从标准输入流读入行，为保证结果的有序性用键来排序，最后将结果写入标准输出。

Hadoop 流的工作原理并不复杂，其中 Map 的工作原理如图 1-9 所示。①

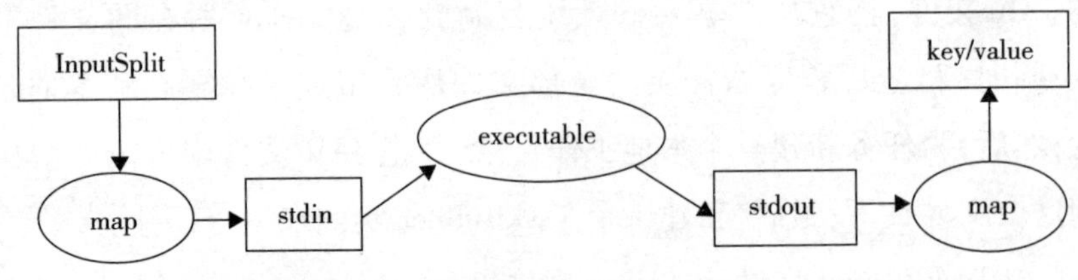

图 1-9　Hadoop 流的 Map 工作流程图

当一个可执行文件作为 Mapper 时，每一个 Map 任务会以一个独立的进程启动可执行文件。Map 任务运行时，会把输入切分成行提供给可执行文件，并作为它的标准输入（Stdin）内容。当可执行文件运行出结果时，Map 从标准输出（Stdout）中收集数据，并将其转化为〈Key，Value〉对，作为 Map 输出。

Reduce 与 Map 相同，如果可执行文件作为 Reducer 时，Reduce 任务会启动这个可执行文件，并且将〈Key，Value〉转化为行来作为这个可执行文件的标准输入，然后 Reduce 会收集这个可执行文件的标准输

① JSpider User Manual[EB/OL].[2012-09-20].http://j-spider.sourceforge.net/.

出作为内容,并把每一行转化为〈Key,Value〉对,作为 Reduce 的输出。

2. Hadoop 管道

Hadoop 管道(Hadoop Pipes)①②是 Hadoop MapReduce 的 C++接口的代称,与流不同,流使用标准输入和输出让 Map 和 Reduce 节点之间相互交流,管道使用 Scokets 作为 Tasktracker 与 C++编写的 Map 或者 Reduce 函数的进程之间的通道。③

(五)Hadoop MapReduce 编程语言

Hadoop 是采用 Java 开发的,所以能很好地支持 Java 语言编写的 MapReduce 作业,但在实际应用中,有时候由于要用到非 Java 的第三方库或者其他原因,需采用 C/C++或其他语言编写 MapReduce 作业,这时候可能要用到 Hadoop 提供的一些工具。若用 C/C++编写 MpaReduce 作业,可使用 Hadoop 流或 Hadoop 管道工具;若用 Python 编写 MapReduce 作业,可以使用 Hadoop 流或 Pydoop④⑤⑥ 工具;若使用其他语言,如 Shell 脚本、Php、Ruby 等,可使用 Hadoop 流。

Java 是 Hadoop 支持的最好最全面的语言,而且提供了很多工具方便程序员开发。Hadoop 流使用 Unix 标准流作为 Hadoop 和程序之间的接口,其最大的优点是支持多种编程语言,只要编写的 MapReduce 程序能够读取标准输入,并写到标准输出,但效率较低,Reduce 任务需

① White T.Hadoop:The Definitive Guide[M].O'Reilly Media,2009.

② Package org. apache. hadoop. mapred. pipes [EB/OL]. [2011 - 12 - 23]. http://hadoop. apache. org/common/docs/current/api/org/apache/hadoop/mapred/pipes/package-summary.html.

③ White T.Hadoop:The Definitive Guide[M].O'Reilly Media,2009.

④ Leo S,Zanetti G.Pydoop:a Python MapReduce and HDFS API for Hadoop.In:Proceedingsof the 19th ACM International Sysposium on High Performance Distributed Computing,ser.HPDC'10.New York,NY,USA,ACM,2010:819-825.

⑤ Pydoop [EB/OL].[2011-12-26].http://sourceforge.net/projects/pydoop/.

⑥ Pydoop[EB/OL].[2011-12-26].http://sourceforge.net//projet/pydoop/.

等到 Map 阶段完成后才能启动。Hadoop 管道与 Hadoop 流不同，流使用标准输入/输出让 Map 和 Reduce 节点之间进行通信，管道使用 Sockets 作为 Tasktracker 与 C++编写的 Map 或 Reduce 函数的进程间的通道。Pydoop 是专门为 Python 程序员编写 MapReduce 作业设计的，底层使用了 Hadoop 流接口和 Libhdfs 库。

五、Hadoop 平台搭建

Hadoop 平台搭建完成后，在一个全配置的集群中，运行 Hadoop 意味着在集群的不同机器上运行一组守护进程（Daemons），这些进程包括：①名称节点（NameNode）；②数据节点（DataNode）；③次名称节点（Secondary NameNode）；④作业跟踪节点（JobTracker）；⑤任务跟踪节点（TaskTracker）。Hadoop 分别从三个不同的角度将集群中的机器划分为两种角色：从整体架构上，划分为主机和从机；从 HDFS 的角度上，划分为名称节点和数据节点；从 MapReduce 的角度，划分为作业跟踪节点和任务跟踪节点。从 HDFS 分布式存储的角度来说，集群中的节点由一个名称节点和若干个数据节点组成，另有一个次名称节点作为名称节点的备份；从 MapReduce 分布式计算的角度来说，集群中的节点由一个作业跟踪节点和若干个任务跟踪节点组成。

典型 Hadoop 集群的拓扑结构如图 1-10 所示①，Hadoop 的分布式存储和分布式计算都采用了主/从（Master/Slaver）结构，名称节点和作业跟踪节点的守护进程运行在主节点上，数据节点和任务跟踪节点运行在从节点上，任务跟踪节点必须运行在数据节点上，便于数据的本地计算，作业跟踪节点和名称节点则无须一定在同一台机器上。

① Lam C.Hadoop in Action[M].Shelter Island，NY 11964：Manning Publications Co.，2010.

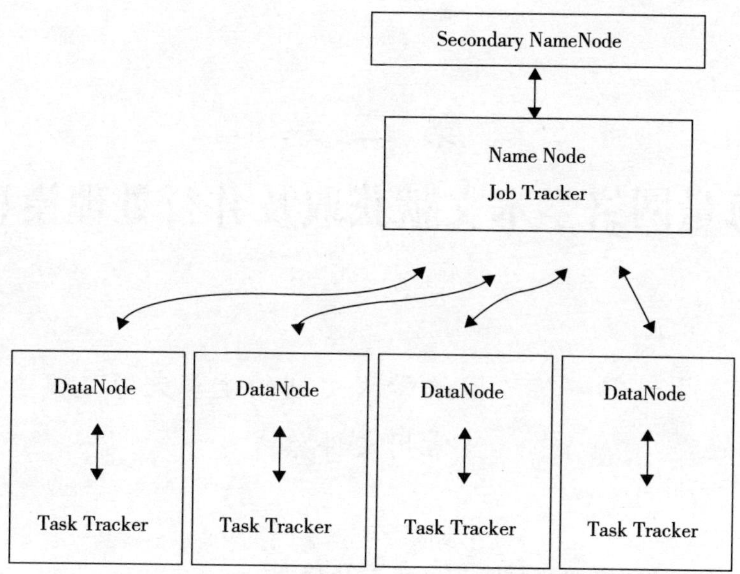

图 1-10 典型 Hadoop 集群拓扑结构

在分析调研了国内外与 Hadoop 和 Heritrix 平台相关的网站、组织机构、学术会议、学术论文、学术著作等基础上，本章首先详细研究了 Hadoop 项目及其结构，Hadoop 的核心部分 Hadoop 分布式文件系统和 MapReduce 编程模型，Hadoop 平台搭建，Hadoop 与其他系统相比的优势所在；然后比较分析研究了几种典型的开源爬虫工具，证明了 Heritrix 在网络学术文献资源抓取上的优点，并简要介绍了 Heritrix 的工作原理。

第二章
海量网络学术文献获取及并行处理模型

第一节　网络学术文献的主要来源及常用文件格式

一、网络学术文献的主要来源及特点

网络学术文献的主要来源包括：搜索引擎、大学网站、开放存取(Open Access,OA)、学科信息门户、学术期刊网站、学术会议网站、研究者个人主页等，不同来源的主要收录资源和特点见表 2-1。根据数据收录范围不同，搜索引擎可分为综合搜索引擎和垂直搜索引擎①，综合搜索引擎重在全面性，垂直搜索引擎重在准确性。开放存取是一种学术信息共享的理念和出版机制，由国际科技界、学术界、出版界、信息传播界为推动科研成果通过互联网免费自由的利用而发起。实现开放存取出版的途径主要有 OA 仓储(开放存取仓储)和 OA 期刊(开放存取期刊)，其中，OA 仓储主要有两种类型：学科 OA

① Ahrens K, Chung S F and Huang C R. From Lexical Semantics to Conceptual Metaphors: Mapping Principle Verification with WordNet and SUMO(C). In: Proceedings of the 5th Chinese Lexical Semantics Workshop (CLSW-5), Singapore, 2004: 99-106.

仓储和机构 OA 仓储。[①] OA 期刊和 OA 仓储的主要区别是，OA 期刊一般实施严格的同行评审制度，对论文的质量进行严格控制[②]。大学的学术文献是本校师生的学术成果，反映了本校的教学科研水平，系统、科学、规范地收藏本校学术文献，对于学术交流与合作、良好学术氛围的形成、本校学术文献的保存、学校学术水平的发展等诸多方面都具有重要意义。

表 2-1　网络学术文献主要来源

主要来源		主要收录资源	特点
搜索引擎	综合搜索引擎	收录几乎任何类型、任何主题的资源，一般能涵盖各种不同学科的网站	收录范围广、信息量大、查全率高、收录资源庞杂、相关度较低
	垂直搜索引擎	专门收录某一学科、某一主题或某一方面的资源，限定于某些特定的信息	搜索范围小、专指程度高、查准率较高
OA 仓储	机构 OA 仓储	收录学术期刊论文、学位论文、会议论文，大量灰色文献，如工作总结、研究报告、调查报告等	基于开放理念，以学术机构为中心，大部分内容是学术性知识资源且动态增加并长期保存
	学科 OA 仓储	收录内容一般通过各学者的自存档(Self-Archiving)形成	基于某一个或几个学科、主题建立起来的系统
OA 期刊		收录的期刊所覆盖的学科范围包括自然科学领域、社会科学和人文科学领域	实行严格的同行评审制度，可免费获取并自由访问全文文献
学科信息门户		收录、整合特定学科领域的信息资源、工具和服务	具有专业性、集成性、知识性、智能性和可靠性

① de Bruijn J, Ehrig M, Feier C, et a1. Ontology mediation, merging and aligning[C]. Davies J, Studer R, Warren P, eds. Semantic Web Technologies: Trends and Research in ontology-based Systems, Wiley, UK, 2006.

② 参见于娟、党延忠：《本体集成研究综述》，《计算机科学》2008 年第 7 期。

续表

主要来源	主要收录资源	特点
学术期刊网站	收录的文献以学术论文为主	一般包含期刊简介、栏目设置、投稿指南、论文目录等
学术会议网站	主要收录会议学术论文	一般提供会议通知、会议新闻、出版信息、会议讲座、演示报告等信息
大学网站	主要收录本校师生的学术成果	可反映本校教学科研水平
研究者个人主页	收录研究者所从事领域的基础理论、方法技术、热点探讨、工作总结等	内容专业性强,完整实用

网络学术文献来源广、传播快、内容全面,科研人员只需关注本领域主要研究机构和研究者的学术文献信息,就能把握该领域的基本研究内容、最新研究动态和发展趋势。网络学术文献也存在着分散性、动态性、不均匀性、内容庞杂等缺点,给研究者很好的获取利用网络学术资源带来诸多困难。

二、网络学术文献的常用文件格式

目前,网络学术文献资源全文数据所采用的文件格式主要有 PDF(Portable Document Format,便携文件格式)、RTF(Rich Text Format,富文本格式)、HTML(Hyper Text Markup Language,超文本标记语言)、PS/EPS(Post Script/Encapsulated Post Script,脚本文件/封装的脚本文件)、DOC(Document,文件)、DVI(Device Independent File Format,设备无关的文件格式)、中国期刊网电子期刊的专用全文存储格式 CAJ(China Academic Journals,中国学术期刊文件格式)、重庆维普的 VIP 文件格式等。常用文件格式的比较见表 2-2。

表 2-2　网络学术文献常用文件格式

格式	扩展名	简介	特点	浏览器
PDF	.pdf	PDF 是由 Adobe 公司开发的一种通用电子文件格式,能够保存源文档的原貌,是目前互联网上最常见、应用最广泛的文件格式	跨平台、页面独立、易于传输和存储,集成度、兼容性、压缩性和安全性高	最常使用的 PDF 阅读器:Adobe Acrobat Reader 和 Foxit Reader
RTF	.rtf	RTF 是由微软公司开发的跨平台文档格式,多数文字处理软件都能读取和保存 RTF 文档	跨平台,通用性、兼容性高	Word、WPS Office、Excel 等
PS	.ps	PS(Post Script)是由 Adobe 公司推出的一种页面描述语言,以 Post Script 语言描述文档,能用数学公式的方法记录图像和文字	以与设备无关方式描述图形、综合处理文字和图像、可用在不同电脑工作站上	Ghost View 和 Post-script 语法解析器
HTML	.html	HTML 是目前最常用的页面语言和网页文件格式,通过标签(tag)对文本进行修饰,再由 web 浏览器翻译在屏幕上显示出超文本和超媒体特性	无须浏览器便可直接阅读,不支持数学公式、化学反应结构式和产品结构图等图表	HTML 格式的全文文档不需安装全文浏览器便可在网上阅读
DOC	.doc	DOC 是微软的一种专属文件格式,其文件可容纳多种文字格式、脚本语言及撤销等信息	因为该格式是专属格式,因此其兼容性较低	Word
DVI	.dvi	DVI 是由 David R. Fuchs 设计的目前科研和出版领域广泛应用于书籍、文献、资料、论文等的电子文件格式	便于处理目录、图表、索引、数学公式等	MiKTeX 中的 DVI Viewer: YAP (Yet Another Previewer)

网络学术文献的不同文件格式各有优劣，其中，由于 PDF 具有诸多优点，是目前最常见、应用最广泛的文件格式；RTF 格式是一个很好的文件格式转换工具，可在不同应用程序之间进行格式化文本文档的传送；PS 文件最大的优点是以设备无关方式描述图形；HTML 格式的全文文档不需要安装全文浏览器便可在网上阅读；DOC 文件格式是电脑文件常见扩展名的一种；DVI 格式文件最便于处理数学公式、化学结构图等。网络学术文献文件格式较多，但是各种文件格式间可以相互转换，如使用 Adobe Acrobat 软件，可以将任何文档转换为 Adobe PDF。①

第二节　网络学术文献自动获取实验

一、实验环境

硬件环境：服务器 3 台，Intel 奔腾 D 双核服务器，CPU 主频 3. 00GHz，每台内存 1G，硬盘空间共有 1184G；

软件环境：操作系统：Ubuntu 10. 04. 3；

Java 执行环境：JDK1. 7. 0_03；

Heritrix-1. 14. 4：用于资源收集模块；

Hadoop-0. 20. 205. 0：用于构建底层基础架构；

Eclipse：开发 Java 程序工具；

数据库：SQLite。

二、实验平台搭建

Hadoop 有三种运行方式：单机本地模式；单机伪分布模式和集群完

① Bouquet P, Ehrig M, Euzenat J, et al (2005). Specification of a Common Framework for Charactering Alignment.

全分布模式。这三种运行方式各有优缺点:本地模式安装与配置比较简单,运行在本地文件系统上,便于程序的调试,可及时查看程序运行的效果,但是当数据量比较大时,运行速度会比较慢,并且没有体现出 Hadoop 分布式的优点;伪分布式同样是在本地系统中运行,与本地模式的不同之处在于它运行的文件系统为 HDFS,好处是能够模仿安全分布模式,看到一些分布式的效果;完全分布式模式则运行在多台机器的 HDFS 之上,完完全全地体现出了分布式的优点,但是调试程序会比较麻烦。所以,在实际运用中,可以结合这三种不同模式的优点,比如,编写和调试程序在本地和伪分布模式上进行,而实际处理大数据,则运行在完全分布式模式下。

在笔者的实验环境中,一共有 3 台机器,其中一台同时担当 JobTracker 和 NameNode 的角色,但不担当 TaskTracker 和 DataNode 的角色,另外 2 台则同时担当 TaskTracker 和 DataNode 的角色。

(一)集群网络环境介绍

课题组搭建了一个包含三台机器的小集群,集群包含三个节点,节点之间局域网连接,可以互相 ping 通。三个节点上均是 Ubuntu10. 04. 3 操作系统,并且创建了一个相同的用户 kang,在/home/kang/目录下分别设有一个 hadoop-install 目录,用于存放 Hadoop-0. 20. 205. 0 安装文件,目录结构是/home/kang/hadoop-install。

在三台主机上分别设置/etc/hosts 及/etc/hostname 文件,hosts 文件用于定义主机名与 IP 地址之间的对应关系;hostname 文件用于定义主机名。在每台机器上分别添加 IP 地址和主机名之间的映射,映射关系保存在/etc/hosts 中,各个/etc/hosts 文件中均添加如下内容:

127. 0. 0. 1localhost

172. 18. 8. 101hadoop1

172. 18. 8. 102hadoop2

172. 18. 8. 103hadoop3

编辑/etc/hostname 文件,设置各机器的主机名。每台机器的机器名、对应的 IP 地址及其在集群中的功能定位见表 2-3。

表 2-3　机器名、对应的 IP 地址及其功能定位

机器名	IP 地址	集群中的定位
Hadoop1	172. 18. 8. 101	Master,NameNode,JobTacker
Hadoop2	172. 18. 8. 102	Slave,DataNode,TaskTracker
Hadoop3	172. 18. 8. 103	Slave,DataNode,TaskTracker

在 Linux 上安装 Hadoop 集群之前,需要先安装两个程序:JDK1. 6 或更高版本,Hadoop 是用 Java 开发的,Hadoop 的编译及 MapReduce 的运行都需要使用 JDK;无密码验证设置 SSH,Hadoop 需要通过 SSH 来启动数据节点列表中各台机器的守护进程。

(二)JDK 安装及 Java 环境变量配置

下载 JDK 安装包 jdk-7u3-linux-i586.tar.gz,复制并解压到指定目录/home/kang/jdk-install 下,在目录/home/kang/jdk-install 下生成文件夹 JDK1. 7. 0_03,安装完毕。

编辑/etc/proflile 文件,配置 Java 环境变量,在 proflile 文件中添加以下内容:

```
#set Java Environment
export JAVA_HOME=/home/kang/jdk-install/jdk1.7.0_03
export JRE_HOME=${JAVA_HOME}/jre
export CLASSPATH=.:${JAVA_HOME}/lib:${JRE_HOME}/lib
export PATH=${JAVA_HOME}/bin:$PATH
```

保存并退出,执行 source /etc/profile 命令使配置生效,使用 Java-version 命令判断查看 Java 安装信息，验证 JDK 是否安装成功。

（三）SSH 无密码登录设置

Namenode 作为客户端，要实现无密码公钥认证，连接到服务端 Datanode 上时，需要在 Namenode 上生成一个密钥对，包括一个公钥和一个私钥，而后将公钥复制到 Datanode 上。当 Namenode 通过 ssh 连接 Datanode 时，Datanode 就会生成一个随机数并用 Namenode 的公钥对随机数进行加密，并发送给 Namenode。Namenode 收到加密数之后用私钥进行解密，并将解密数传给 Datanode，Datanode 确认解密数无误后就允许 Namenode 进行连接。这就是一个公钥认证过程，其间不需要用户手工输入密码，重要过程是将客户端 Namenode 公钥复制到 Datanode 上。

Hadoop 需要安装 SSH，并配置 SSH 可以无密码登录。在所有机器上安装并启动 SSH 服务后，在 Hadoop1 机器上，生成密钥并配置 SSH 可以无密码登录本机，执行以下命令：

```
ssh-keygen-t rsa-P''-f ~/.ssh/id_rsa
cat~/.ssh/id_rsa.pub >> ~/.ssh/authorized_keys
```

将文件拷贝到两台数据节点所在机器上的相同文件夹内，输入如下命令：

```
scp authorized_keys hadoop2:~/.ssh/
scp authorized_keys hadoop3:~/.ssh/
```

Namenode 链接 Datanode 时，Namenode 是客户端，需要将 Namenode 上的公钥复制到 Datanode 上，那么，如果 Datanode 主动连接 Namenode，Datanode 是客户端，此时需要将各个 Datanode 上的公钥信息 id_rsa.pub 追加到 Namenode 中的 authorized_keys 之中，由于 Namenode 中已经存在 authorized_keys，所以这里是追加。

（四）Hadoop 集群配置

下载 Hadoop-0.20.205.0.tar.gz，将其解压到 hadoop1 机器的/home/kang/hadoopinstall 目录下，然后在 hadoopinstall 下创建 tmp 文件夹。将 Hadoop 的安装路径添加到/etc/profile 中，修改/etc/profile 文件（配置 Java 环境变量的文件），将以下语句添加到末尾，并使其生效（source /etc/profile）：

#set hadoop path

export HADOOP_HOME =/home/kang/hadoopinstall/hadoop-0.20.205.0

export PATH= $HADOOP_HOME/bin: $PATH

①配置 conf/Hadoop-env.sh

hadoop-env.sh 文件末尾添加以下语句：

export JAVA_HOME=/home/kang/jdkinstall/jdk1.7.0._03

②配置 conf/core-site.xml

```
<configuration>
<property>
<name>hadoop.tmp.dir</name>
<value>/home/kang/hadoopinstall/tmp </value>
</property>
<property>
<name>fs.default.name</name>
<value>hdfs://hadoop1:9000 </value>
</property>
</configuration>
```

③配置 conf/hdfs-site.xml

```
<configuration>
<property>
<name>dfs.replication</name>
<value>2</value>
</property>
</configuration>
```

④配置 conf/mapred-site.xml

⑤配置 conf/masters 文件

```
hadoop1
```

⑥配置 slaves 文件

```
hadoop2
hadoop3
```

在 NameNode 机器 hadoop1 上依次执行以下命令，启动 Hadoop：

bin/hadoop Namenode-format //格式化 Hadoop

bin/start-all.sh //启动 Hadoop

通过启动日志可以看出，进程启动顺序依次为：Namdenode→Datanode1→Datanode2→Secondarynode→Jobtracker→Tasktracker1→Tasktracker2。启动 Hadoop 成功后，在 Namenode 中的 tmp 文件夹中生成了 dfs 文件夹，在 Datanode 中的 tmp 文件夹中均生成了 dfs 文件夹和 mapred 文件夹。

配置 conf/core-site.xml 文件时，在 hadoopinstall 目录下建立 tmp 文件夹，该文件夹是 Hadoop 存储数据块的位置，此文件夹需手动创建。conf/hdfs-site.xml 文件是 Hadoop 中对 HDFS 的配置，replication 是数据副本数量，默认为 3，Datanode 少于 3 台时需要修改此默认值，否则就会报错，在课题组的实验环境中将其修改为 2。

第三节　网络学术文献资源获取

一、网络学术文献获取方案

课题组设计了基于 Heritrix 的网络学术文献获取整体方案，如图 2-1 所示。Heritrix 具有较丰富的功能和相对完备的结构体系，能够有效地分析 URI，深度遍历网站资源并将这些资源抓取到本地，它还具有较好的扩展性和很多可控制的参数，通过扩展其组件，对各参数进行合理的设置，可实现不同的抓取逻辑。Heritrix 可通过 web 用户界面启动、设置、监控抓取任务，结合网络学术文献的主要来源、文件格式和 Heritrix 工作原理，设计了此模型。

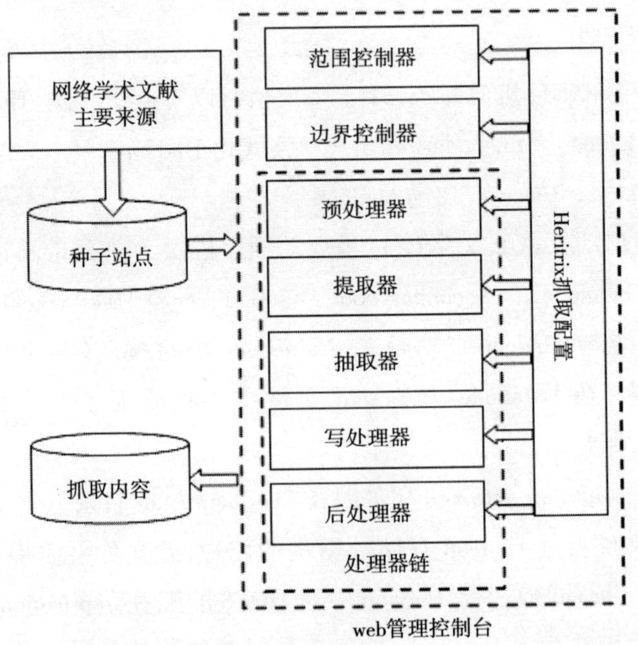

图 2-1　基于 Heritrix 的网络学术文献资源获取方案

二、种子站点的选择

由于多个条件的限制,笔者不能搜集太多的网站资源,上述方案以第二章第一节节网络学术文献的主要来源为检索对象,包括学术会议网站、学术期刊网站、机构 OA 仓储、学科 OA 仓储、OA 期刊、世界大学网站和研究者个人主页七种类型。从中选取的种子站点见表 2-4,其中,学术会议网站为文本检索会议 Text Retrieval Conference(TREC)①,学术期刊网站为情报技术与图书馆 Information Technology and Libraries(ITAL)②,机构 OA 仓储为美国卡内基梅隆大学机构库 Research Showcase③,学科 OA 仓储为科学哲学库 PhilSci-Archive④,OA 期刊为图书馆原理与实践 Library Philosophy and Practice(LPP)⑤,研究者个人主页为美国马里兰大学副教授 Jimmy Lin 的个人主页⑥。

世界大学排名是根据各项科学研究和教学等标准,以英文发表研究报告和学术论文,针对全球大学在数据、报告、成就、声望等方面进行量化评价,再通过加权后形成的排序。⑦ 世界大学排名三大主流机构有:美国新闻与世界报道(U.S.News&WORLD REPORT)与国际高等教

① Euzenat J, Bach T L, Barrasa J, et a1.D2. 2. 3: State of the art on ontology alignment [EB/OL]. [2006 - 11 - 9]. http://starlab. vub. ac. be/research/projects/knowledgeweb/kweb-223.pdf.

② 参见卢胜军、李法勇、钱建军等:《WCONS+:一种基于 WCONS 的本体集成方法》,《现代图书情报技术》2009 年第 2 期。

③ 参见叶军、王磊:《一种基于粗糙集和层次分析法的综合评价方法研究》,《计算机应用研究》2010 年第 7 期。

④ 参见廉正、张永庆、邵永恒等:《基于模糊综合评价法的高校专利综合实力评价》,《商业时代》2009 年第 35 期。

⑤ 参见林晓华:《运用德尔菲法建立高校文献招标评价体系的研究》,《图书与情报》2010 年第 2 期。

⑥ 参见徐国虎:《本体构建工具的分析与比较》,《图书情报工作》2006 年第 1 期。

⑦ 参见张忠平、田淑霞、刘洪强:《一种综合的本体相似度计算方法》,《计算机科学》2008 年第 12 期。

育研究机构 QS 联合发布的世界大学排名①;上海交通大学高等教育研究所公布的世界大学学术排名(Academic Ranking of World Universities,ARWU)②;泰晤士报高等教育(Times Higher Education)与汤森路透社(Thomson Reuters)联合发布的 THES 世界大学排名③。各大排名机构使用不同的标准和方式进行排名,本书的网络学术文献获取研究,采用上海交通大学高等教育研究所公布的世界大学学术排名,选取前十名的大学网站作为资源抓取对象。

表 2-4　网络学术文献主要来源种子列表

来源	名称	种子站点
学术会议网站	Text REtrieval Conference	http://trec.nist.gov/
学术期刊网站	Information Technology and Libraries	http://www.ala.org/lita/ital/http://www.ala.org/lita/ital/
机构 OA 仓储	Research Showcase	http://repository.cmu.edu/
学科 OA 仓储	PhilSci-Archive	http://philsci-archive.pitt.edu/
OA 期刊	Library Philosophy and Practice	http://www. webpages. uidaho. edu/~mbolin/
研究者个人主页	Jimmy Lin's Homepage	http://www.umiacs.umd.edu/~jimmylin/
世界大学(前十名)	1.Harvard University	http://www.harvard.edu
	2.Stanford University	http://www.stanford.edu
	3. Massachusetts Institute of Technology	http://www.mit.edu
	4.University of California Berkeley	http://berkeley.edu/
	5.University of Cambridge	http://www.cam.ac.uk
	6.California Institute of Technology	http://www.caltech.edu
	7.Princeton University	http://www.princeton.edu
	8.Columbia University	http://www.columbia.edu
	9.University of Chicago	http://www.uchicago.edu
	10.University of Oxford	http://www.ox.ac.uk

① Jena-A Semantic Web Framework for Java [EB/OL].[2010-12-1].http://jena.sourceforge.net/.

② welcome to protégé[EB/OL].[2010-1-1].http://protege.stanford.edu/.

③ OntoStudio[EB/OL].[2010-1-1].http://semanticweb.org/wiki/OntoStudio.

三、抓取任务的配置

配置抓取范围。抓取范围模块用于判定每个已发现的 URI 是否在当前抓取范围内，本书选择模块中最灵活的 org.archive.crawler.deciderules.DecidingScope，DecidingScope 采用一个或多个判定规则，判定接受还是拒绝某个 URI。为实现本文的抓取任务，在判定规则中依次选择 RejectDecideRule、SurtPrefixedDecideRule、TooManyHopsDecideRule、PathologicalPathDecideRule、TooManyPathSegmentsDecideRule、PrerequisiteAcceptDecideRule 规则。

配置 URI 抓取边界。在 Heritrix 中，每个抓取任务只有一个抓取边界①，URI 抓取边界能够维护抓取任务的内部状态，如已发现哪些 URIs，已抓取完成哪些 URIs，因此抓取边界的选择将极大影响抓取任务，会影响已发现的 URIs 的抓取顺序。抓取边界控制器能为处理线程提供链接，使用两个数组列表来保存链接，一个数组列表用于保存待处理的链接；另一个数组列表通常用于保存 DNS 之类的链接，这里边所有链接的优先级，都要高于待处理数组列表中的链接，只有当这些链接被解析后，其后的链接才会被解析。抓取边界控制器还有一个哈希映射表，用于记录已被处理过的链接，每当抓取边界控制器加入一个新的链接时，总会先检查正要加入队列的链接是否已被处理过。图 2-1 方案的具体设计中选择由 Berkeley DB Java 版本实现的 org.archive.crawler.frontier.BdbFrontier 作为 URI 抓取边界控制器，BdbFrontier 是 Berkeley DB Frontier 的简称，采用 Berkeley DB 来解决大数据量、多并发的问题，Java 版本能将更多的运行状态转移到磁盘，BdbFrontier 采用广度优先的策略访问发现的 URIs。

---

① Salton G.Introduction to Modern Information Retrieval [M].New York：McGrawHill BookCo.，1983：1-40.

配置处理器链。Heritrix 的处理器链包括预处理器链、提取链、抽取链、写入链和后处理链五种，预处理器链是整个处理器链的入口，该链中的处理器用来对抓取前的一些先决条件如 robot.txt 的信息等作出判断；提取处理器主要用于解析 DNS、HTTP、FTP 等网络传输协议；抽取处理器主要用于解析当前获取的服务器返回内容，从 URIs 中抽取链接；写入处理器主要用于将所抓取的内容写入磁盘；后处理器主要用于在整个抓取任务解析完成后的处理工作，如更新抓取信息缓存、为抓取范围控制器提供新的 URIs 等。本书设计的处理器链配置如图 2-2 所示。

四、文件类型和大小过滤

网络学术文献资源全文数据所采用的文件格式较多，在这些文件格式中，PDF 文件格式有着跨平台，页面独立，易于传输和存储，集成度、兼容性、压缩性和安全性高等优点，是目前网络学术文献资源全文数据所采用的最常见、应用最广泛的文件格式。Google 学术搜索、学术会议网站、学术期刊网站、开放获取资源、研究者个人主页等基本都提供学术文献资料的 PDF 格式下载，就网络电子期刊出版而言，国外电子期刊出版商多采用标准 PDF 全文文件格式，如 SpringerLink、Elsevier、EBSCO 等，国内三大期刊全文数据库：中国期刊全文数据库、中文科技期刊全文数据库、万方数据库也都提供学术文献的 PDF 全文文件格式。

本书将基于 Heritrix 实现的网络学术文献获取类型设定为应用最广泛的 PDF 全文文件格式，通过下载一定数量的学术文献分析发现，学术文献大小一般为几十 K 到几百 K 之间，故将获取文件大小的上限设定为 1M，下限设定为 50K，主要集中于大小不超过 1M 的学术文献获取研究。设置时分别在 HTTP 获取处理器的 midfetch-decide-rules 和写处理器的 MirrorWriter 判定规则中选择 FilterDecideRule 规则，并将

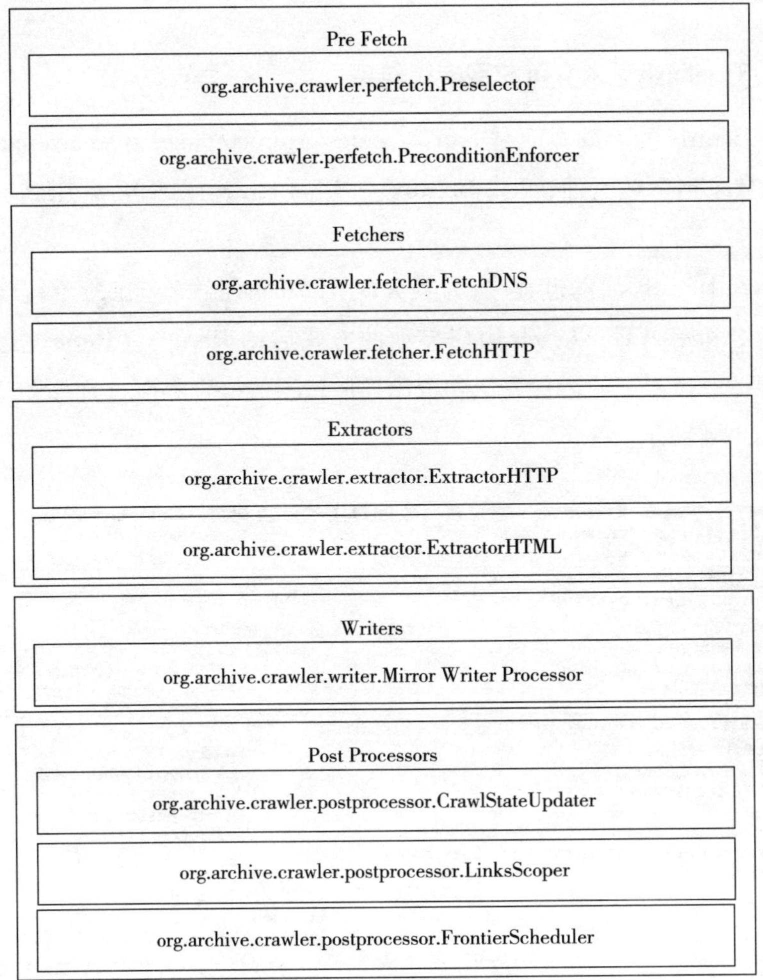

图 2-2 处理器链设置

该规则的过滤器设定为 ContentTypeRegExpFilter，其中 midfetch-decide-rules 过滤器的正则表达式设为(text/html | application/pdf). *，MirrorWriter 判定规则过滤器的正则表达式设置为 application/pdf，由此实现对网络学术文献的 PDF 文件格式进行过滤，同时，通过将 midfetch-decide-rules 过滤器的 max-length-bytes 设置为 1048576 实现对抓取文件

的大小进行过滤。

五、网络学术文献获取实验结果

Heritrix 的下载页面是 http://sourceforge.net/projects/archive-crawler/，登录到下载页面，下载 Heritrix-1.14.4.tar.gz 压缩包，解压到本地文件夹，运行 Heritrix。

在 Heritrix 启动过程中，为其分配 512M 的堆大小，在命令行设置登录名和密码后，以 web 用户界面的方式启动 Heritrix。Heritrix 进行资源抓取过程中的运行界面和资源抓取过程的报告界面分别如图 2-3 和图 2-4 所示。

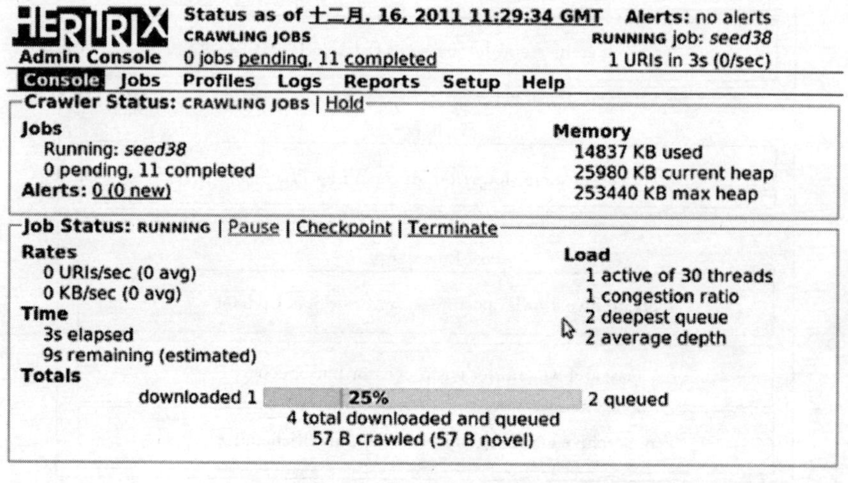

图 2-3　Heritrix 资源抓取运行界面

由于在前面设置了 Writer 的类型为 MirrorWriter，因此，磁盘上应该留有所有抓取到网页的各种资源镜像。Heritrix 存储镜像信息，找到 Heritrix-1.14.4 所在的根目录，进入后会有一个以 jobs 命名的文件夹，该文件夹里边的内容就是 Heritrix 在运行时实时生成的。Jobs 文件夹下包含的各个子文件夹，是每次抓取任务完成后，存储的种子站点镜像信息。在每个 Jobs 的子文件夹中，都有一个 mirror 目录，该目录下存储的资源镜像存储结构如图 2-4 所示。

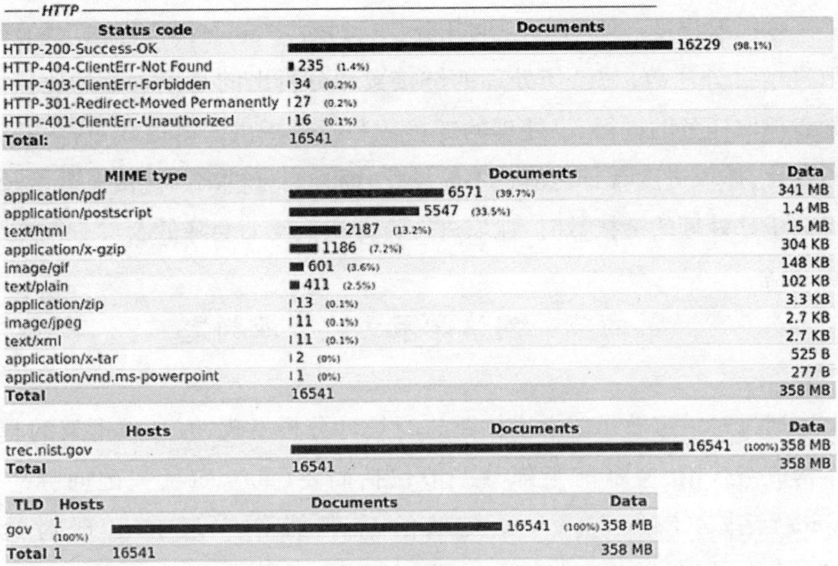

HTTP

Status code	Documents
HTTP-200-Success-OK	16229 (98.1%)
HTTP-404-ClientErr-Not Found	235 (1.4%)
HTTP-403-ClientErr-Forbidden	34 (0.2%)
HTTP-301-Redirect-Moved Permanently	27 (0.2%)
HTTP-401-ClientErr-Unauthorized	16 (0.1%)
Total:	16541

MIME type	Documents	Data
application/pdf	6571 (39.7%)	341 MB
application/postscript	5547 (33.5%)	1.4 MB
text/html	2187 (13.2%)	15 MB
application/x-gzip	1186 (7.2%)	304 KB
image/gif	601 (3.6%)	148 KB
text/plain	411 (2.5%)	102 KB
application/zip	13 (0.1%)	3.3 KB
image/jpeg	11 (0.1%)	2.7 KB
text/xml	11 (0.1%)	2.7 KB
application/x-tar	2 (0%)	525 B
application/vnd.ms-powerpoint	1 (0%)	277 B
Total	16541	358 MB

Hosts	Documents	Data
trec.nist.gov	16541 (100%)	358 MB
Total	16541	358 MB

TLD	Hosts	Documents	Data
gov	1 (100%)	16541 (100%)	358 MB
Total	1	16541	358 MB

图 2-4 Heritrix 资源抓取报告界面

Heritrix 的镜像存储方式，是将 URL 地址按“/”进行切分的，进而按切分出来的层次存储。Heritrix 抓取任务完成后，将抓取到的 PDF 文件以镜像的方式存储在本地磁盘上。

网络学术文献获取方案实际应用中，对有些问题应予以注意：

①Java 虚拟机内存。在 Heritrix 启动过程中，至少应为其分配 512M 的堆大小，否则，在抓取过程中，观察 Java 虚拟机的内存使用，会发现其很快就达饱和状态。

②处理器顺序。在处理器链的设置过程中，每一个队列中的处理器都有先后顺序，处理器的执行顺序是不可逆的。

③运行时的参数设置。在属性设置页面有很多的输入域，用来对 Heritrix 各个组件的值进行预设。Herritrix 处理器链设置完成后，还需

对默认的运行时参数做一些修改,以满足实际需要,如抓取任务进行同步抓取的最大线程数、链接超时的最大等待时间、重新获取未能检索到的 URI 的等待时间。

④抓取进度。Heritrix 抓取任务执行过程中,web 用户界面上的抓取进度百分比数,是已经处理的链接数和分析出的链接总数的比值。随着抓取任务的进行,已处理的链接数和新分析出的链接数量都在不断变化,抓取进度百分比值也不断变化,而且当分析出的链接总数增长率高于已处理的链接数时,抓取进度百分比值反而会降低。

第四节　网络学术文献资源判定

通过对一定数量的学术文献进行统计分析发现,在文献框架的基本构成格式中,文献前半部分一般包括摘要(abstract)、关键词(keywords)、引言(introduction),文献的后半部分一般会出现讨论(discussion)、结论(conclusion)、致谢(acknowledgement)和参考文献(reference)。在这 7 个主要的、代表性的判定词中,摘要和参考文献的频率相对较高,本文将这 7 个判定词作为初步判定抓取到的 PDF 文档是否为学术文献的主要依据。学术文献判定过程中使用 SQLite 数据库,该数据库包含一个表 pdflist,表内每条记录记为一个 PFlie,每个 PFile 有 5 个字段:文件号 id、文件路径 filepath、待判定文件中包含的判定词数量 keywords、待判定文件中包含的具体判定词 keywordstring 和文件大小 length,其中 id 字段为主键。

对于抓取到的 PDF 文档,首先通过一个读目录程序 DirReader 将所选定目录内的所有 PDF 文件读入数据库(详细代码见附录 A);然后进行学术文献判定,学术文献判定程序 CheckPDF(详细代码见附录 B)。读目录程序等待用户输入一个目录后,自动读取目录中所有的 pdf 文件,并且将这些文件的相关信息(例如大小、路径)写入数据库。

CheckPDF 程序从数据库中读取所有的文件路径,提取出 PDF 中的文本内容,依次对这些文件进行学术文献判定,并根据判定结果的不同,按照指定的输出路径和后缀,输出不同的文本文件,满足判定条件的,输出后缀名为.text 的文件,不满足判定条件的输出后缀名为.nodoc 的文件。

学术文献判定程序 CheckPDF 的 main 函数为:

```
public static void main(String[] args)
{
CheckPDF ck = new CheckPDF();
ck.DBOpen();
ck.doCheck();
ck.printResult();
ck.DBClose();
}
```

Main 函数主要包含四个执行步骤:连接到数据库 ck.DBOpen();学术文献判定及判定词信息统计 ck.doCheck();输出处理结果 ck.printResult();关闭数据库 ck.DBClose()。ck.doCheck()程序作为 CheckPDF 程序的主体框架,调用其他的方法来完成该程序所要完成的主要功能。ck.doCheck()程序首先调用 DBtoArray 程序,将数据库中的文件信息读入到 ArrayList 中,然后调用关键词判定程序 checkKeywords(),关键词判定程序会嵌套调用 PDFBox 实现的 PDF 文本内容抽取程序 getFromPdf()和文本文件输出程序 writeToTxt()。CheckPDF 的核心部分 ck.doCheck()程序代码如下:

```
private void doCheck(){
DBtoArray();//将数据库中的文件信息读入到 ArrayList 中
recordCount=fileList.size();//记录总文件数量,用于统计未处理文件数量
```

```
    startMillis=System.currentTimeMillis();//记录程序初始时间刻度,
用于统计已消耗时间
for(int i = 0;i < fileList.size();i++){
        if(fileList.get(i).getLength()>= MAX_LENGTH_OF_FILE){
        invalidNumber++;//记录采集时被截断的无效文件数量
        fileList.get(i).setKeywords(0);//将无效文件判定词数置为 0
} else {
      validNumber++;//记录可以打开的有效文件数量
      checkKeywords(fileList.get(i));//学术文献判定
      if(fileList.get(i).getKeywords()>= 2){
    docuNumber++;//记录符合判定条件的学术文献数量
    }
    processedLength+=fileList.get(i).getLength();//记录已处理
    文件总大小,用于统计剩余处理时间
    }
    try {
    smup.executeUpdate("update pdflist set keywords="
    + f ileList.get(i).getKeywords()+",keywordstring="
    + f ileList.get(i).getKeyordString()+" where id="
    + f ileList.get(i).getId()+";");//更新数据库记录
    } catch(Exception e){
    System.out.println("DB Update Error");
    // e.printStackTrace();
    }
    if(i % 10 == 0){
    // timeElapsed 用于记录已消耗时间,timeRemained 用于记录剩余
处理时间
```

int timeElapsed = (int)((System.currentTimeMillis()-startMillis)/1000);

int timeRemained =(int)((double)timeElapsed/(double)processedLength
*(totalLength-processedLength));

System.out.printf("File Processed:%-4d Remained:%-4d
Time Elapsed:%-4ds　Remained:%-4ds\n",i + 1,recordCount-i-1,timeElapsed,timeRemained);

}

}

}

网络学术文献资源判定实验结果:

以选取的种子站点为抓取目标,采用网络学术文献获取方案进行实验。文档的处理主要包括三个过程:从抓取的所有文档中过滤出PDF文档;从过滤出的PDF文档中统计出采集时被截断的无效文件和完整的有效文件;从有效文件判定出符合规则的学术文献。学术文献判定程序运行的部分结果如图2-5所示:

```
File Processed:65561 Remained:139  Time Elapsed:32118s Remained:70  s
File Processed:65571 Remained:129  Time Elapsed:32125s Remained:63  s
File Processed:65581 Remained:119  Time Elapsed:32130s Remained:60  s
File Processed:65591 Remained:109  Time Elapsed:32137s Remained:55  s
File Processed:65601 Remained:99   Time Elapsed:32144s Remained:49  s
File Processed:65611 Remained:89   Time Elapsed:32152s Remained:43  s
File Processed:65621 Remained:79   Time Elapsed:32158s Remained:38  s
File Processed:65631 Remained:69   Time Elapsed:32163s Remained:33  s
File Processed:65641 Remained:59   Time Elapsed:32169s Remained:27  s
File Processed:65651 Remained:49   Time Elapsed:32175s Remained:20  s
File Processed:65661 Remained:39   Time Elapsed:32179s Remained:14  s
File Processed:65671 Remained:29   Time Elapsed:32181s Remained:13  s
File Processed:65681 Remained:19   Time Elapsed:32183s Remained:12  s
File Processed:65691 Remained:9    Time Elapsed:32186s Remained:6   s
Document File:10846 Valid File:52870, Invalid File:12830
```

图2-5　学术文献判定程序checkPDF的部分结果

学术文献判定程序 CheckPDF 运行过程中能够记录总的文件数量，已处理的文件数量，未处理的文件数量（总的文件数量减去已处理的文件数量）；还能记录已消耗的处理时间（当前时刻减去初始时刻）和剩余的处理时间（以消耗的处理时间除以已处理的文件大小，再乘以文件总的大小与已处理文件大小的差值）。已消耗时间和剩余时间的计算过程中，之所以用总的文件大小、已处理的文件大小和未处理的文件大小，而不是文件数量能来统计，就在于文件大小能使得处理时间记录得更精确。

学术文献判定程序 CheckPDF 运行完成后，能够得到文件总数量、有效文件数量、无效文件数量和文献数量；统计出每个学术文献中包含哪个或哪几个判定词以及这些判定词的个数；还能按照指定的输出路径和后缀输出不同的文本文件，满足判定条件的，输出后缀名为.text 的文件，不满足判定条件的输出后缀名为.nodoc 的文件。

学术文献判定程序运行完成后，数据库中的部分结果如图 2-6 所示，将处理后的结果导入到数据库中，对抓取到的数据资源进行查询统计，共得到 472730 个 PDF 文件，其中有效文件数为 260506，无效文件数为 212224，学术文献数为 71793。在 SQLite 数据库中，对表 pdflist 进行统计分析，统计出分别含有 0～7 个判定词的 PDF 文档篇数见表 2-5。各个判定词在判定出的所有学术文献中分别出现的次数见表 2-6。

表 2-5　含有不同判定词个数的文档数

判定词个数	文档篇数
0	312,934
1	89,497
2	2,693
3	7,013

续表

判定词个数	文档篇数
4	18,749
5	27,359
6	12,083
7	2,402

id	filepath	keywords
59	/home/kang/seeds/2/seed2-20111125103926142/mirror/www.umiacs.umd.edu/~jimmylin/publications/Lin_etal_IPM2008.pdf	0
60	/home/kang/seeds/2/seed2-20111125103926142/mirror/www.umiacs.umd.edu/~jimmylin/publications/Lin_IsCLL9.pdf	5
61	/home/kang/seeds/2/seed2-20111125103926142/mirror/www.umiacs.umd.edu/~jimmylin/publications/Lin_etal_KDD2011.pdf	6
62	/home/kang/seeds/2/seed2-20111125103926142/mirror/www.umiacs.umd.edu/~jimmylin/publications/Katz_etal_ICMCS1999.pdf	4
63	/home/kang/seeds/2/seed2-20111125103926142/mirror/www.umiacs.umd.edu/~jimmylin/publications/Karger_etal_IUI2003.pdf	6
64	/home/kang/seeds/2/seed2-20111125103926142/mirror/www.umiacs.umd.edu/~jimmylin/publications/Katz_Lin_EACL2003.pdf	7
65	/home/kang/seeds/2/seed2-20111125103926142/mirror/www.umiacs.umd.edu/~jimmylin/publications/Katz_Lin_NLPXML2002.pdf	5
66	/home/kang/seeds/2/seed2-20111125103926142/mirror/www.umiacs.umd.edu/~jimmylin/publications/Katz_etal_NLDB2002.pdf	3
67	/home/kang/seeds/2/seed2-20111125103926142/mirror/www.umiacs.umd.edu/~jimmylin/publications/Lin_etal_CHI2003.pdf	4
68	/home/kang/seeds/2/seed2-20111125103926142/mirror/www.umiacs.umd.edu/~jimmylin/publications/Elsayed_etal_CIKM2011.pdf	5

keywordstring	length
null	1048314
abstract reference introduction discussion conclusion	126027
abstract reference keywords introduction discussion conclusion	429898
abstract reference introduction conclusion	124811
abstract reference keywords introduction discussion conclusion	110269
abstract reference keywords introduction discussion acknowledgement conclusion	64549
abstract reference introduction acknowledgement conclusion	214668
abstract reference introduction	166783
abstract reference keywords introduction	39071
abstract reference keywords introduction conclusion	440507

图 2-6 数据库记录的部分结果

表 2-6　不同判定词出现的次数

判定词	出现次数
abstract	85,532
keywords	144,563
introduction	16,318
discussion	58,874
conclusion	47,696
acknowledgement	13,961
reference	50,081

第五节　网络学术文献并行处理

一、数据预处理

MapReduce 擅长处理少量的大数据，而在处理大量的小数据时，性能要逊色很多，因此在提交 MapReduce 任务前可以先对数据进行预处理，将数据合并以提高 MapReduce 任务的执行效率。为了提高 MapReduce 执行效率，还可以参考 map 任务的运行时间，当一个 map 任务只需要运行几秒钟就结束时，需要考虑是否应该给它分配更多的数据，可以通过设置 map 的输入数据大小来调节 map 的运行时间，输入的文件尽量采用大文件，避免使用小文件。在文件输入格式中，Hadoop 会在处理每个文件块后将其作为一个输入分片，因此合理地设置块大小也是很重要的调节方式，除此之外，也可以通过合理地设置 map 任务的数量来调节 map 任务的数据输入。

在处理大数据集时，有时相当一部分时间都花在了扫描磁盘中的数据上，减少需要读取的字节数可以提高总体的吞吐量，减少字节数的最简单的方法就是减少输入数据量，可以选择只处理数据采样后的子数据集。通常 MapReduce 作业不会用到输入数据集中的所有信息，可以重构输入数据为几个较小的数据集，每个都包含数据处理所需的特定类型。对于某些分析和应用程序而言，抽样降低的只是精度而非准确性。

鉴于上述分析，通过一个 TxtCombine 程序实现对大量文本数据的合并与抽样，详细代码见附录 C。TxtCombine 程序的作用是，用户输入一个目录（即第三节读目录程序 DirReader 运行时输入的目录），程序自动读取目录中所有的.text 文件（也有可能是取样，即取总数的 1/2，1/10，等等），并且将这些文件合并成一个 Hadoop 可以处理的文件。

二、并行处理

TxtCombine 程序运行完成后生成的文件，交由 Hadoop 进行后续的并行处理，该部分由一个 IncidenceMatrix 程序实现，主要完成网络学术文献的并行处理及词—文档矩阵的生成，详细代码见附录 D。

该模块的设计方案是，首先将文本内容进行分词、大小写转化、停用词过滤等处理；然后将所有相同的词聚集在一块；最后计算各个词在不同文本中出现的频数，并输出词—文档矩阵。针对 MapReduce 编程模型并行程序设计原则可知，方案中的分词、大小写转化、停用词过滤等步骤与数据不相关，可以并行化处理，该部分任务可以由 map 阶段完成。不同单词间的频数不相关，所以词频计算也可以并行化处理，该部分任务可以由 reduce 阶段完成。中间结果根据不同单词分组后，分发给 reduce 任务，可以将相同单词在不同文档中出现的频数计算交由同一个 reduce 实现，然后输出结果。

由于 MapReduce 中传递的数据都是〈key，value〉形式的，并且聚集、排序、分发都是按照 key 值进行的，所以 map/reduce 输入/输出的 key/value 值代表的内容见表 2-7。map 函数的输入以文档编号作为 key，文本内容作为 value；map 函数的输出以单词作为 key，文档编号作为 value;reduce 函数的输入形式与 map 的输出相同,但是 reduce 的输入是 map 输出聚集后的结果,即<key,value-list>,而且相同的键值将由同一个 reduce 进行处理;reduce 函数的输出以单词作为 key,词频作为 value。并行处理模块主要包括:设置输入/输出格式和定义 Mapper/Reducer。

表 2-7　map/reduce 函数输入/输出的 key/value 内容

函数	输入		输出	
	key	value	key	value
map	文档编号	文本内容	单词	文档编号
reduce	单词	文档编号	单词	词频

(一)设置输入格式

map/reduce 作业的输入格式设置为 KeyValueTextInputFormat,每一行包含一个键/值对,键与值之间使用制表符(/t)进行分隔,分隔符之前的是键(key),之后的是值(value)。分隔符可以在属性 key.value.separator.in.iuput.line 中设定,通常为制表符(/t)。使用 KeyValueTextInputFormat 时,键和值都为 Text 的类型。

(二)定义 Mapper

```
public static class MapClass extends MapReduceBase implements
   Mapper<Text,Text,Text,IntWritable> {
         public void map(Text key,Text value,
OutputCollector<Text,IntWritable> output,Reporter reporter)
throws IOException {
//把 value 转换为 String 格式,hadoop 默认的 value 是 Text 格式
String terms=value.toString();
```

```
Scanner sc=new Scanner(terms);
//分词,map 以非字母为边界区分单词
sc.useDelimiter(Pattern.compile("[^a-zA-Z-]"));
while(sc.hasNext()){
String word = sc.next().toLowerCase();
if(word.length()> 1 &&! stopwords.contains(word)){
output.collect(new Text(word),
new IntWritable(Integer.parseInt(key.toString())));
}
}
}
}
```

一个类作为 Mapper,需继承 MapReduceBase 基类,并实现 Mapper 接口。Mapper 和 Reducer 的基类均为 MapReduceBase 类,它包含类的构造方法与解析方法。Mapper 负责数据处理阶段,采用形式为 Mapper〈k1,v1,k2,v2〉Java 泛型,键和值分别实现 WritableComparable 和 Writable 接口。Mapper 只有一个方法 map,用于处理一个单独的键/值对。①

```
Void map ( k1  key,  v1  value, OutputCollector < k2, v2 > output,
Reporter reportert
) throws IOException
```

该函数处理一个给定的键/值对(k1,v1),生成一个键/值对(k2,v2)的列表。OutputCollector 接收这个映射过程的输出,Reporter 可提供对 mapper 相关附加信息的记录,形成任务进度。②

---

① 参见陆嘉恒:《Hadoop 实战》,机械工业出版社 2011 年版。

② 参见陆嘉恒:《Hadoop 实战》,机械工业出版社 2011 年版。

Mapper 处理的是由 InputFormat 分解后的数据，InputFormat 将数据集分割成输入分片（InputSplits），每一个输入分片将由一个 Mapper 负责处理，InputFormat 还提供了一个 RecordReader 的实现，将输入分片解析成〈key，value〉对提供给 map 函数。map 阶段接收输入的〈key，value〉对，key 是文档编号，value 是对应文档中的内容，然后进行分词、大小写转化、停用词过滤等处理，最后输出一系列的〈key，value〉对，key 是单词，value 是文档编号。

（三）定义 Reducer

```
public static class Reduce extends MapReduceBase implements
Reducer<Text,IntWritable,Text,Text> {
Integer[] termsCount = new Integer[74];// 定义文档总数
public void reduce(Text key,Iterator<IntWritable> values,
OutputCollector<Text,Text> output,Reporter reporter)
throws IOException {
StringBuilder termVector = new StringBuilder();
for(int i = 0;i < termsCount.length;i++){
termsCount[i] = 0;
}
while(values.hasNext()){
int DocID = Integer.parseInt(values.next().toString());
termsCount[DocID] = termsCount[DocID] + 1;
}
for(int i = 0;i < termsCount.length;i++){
termVector.append(termsCount[i].toString());
if(i! = termsCount.length-1){
termVector.append(",");
```

```
}
}
output.collect(key,new Text(termVector.toString()));
}
}
```

Reduce 的实现和 mapper 一样首先在 MapReduceBase 基类上扩展，允许配置和清理，它还必须实现 reducer 接口使其具有如下的单一方法：

```
Void reduce(k2 key,
Iterator<v2>values,
OutputCollector<k3,v3>output,
Reportor reportor
)throws IOExecption
```

当 reducer 任务接收来自各个 mapper 的输出时，按照键/值对输入数据进行排序，并将相同键的值归并，然后调用 reduce()函数，通过迭代处理那些与指定键相关联的值，生成一个(k3,v3)列表。OutputCollector 接收 reduce 阶段的输出，并写入文件。Reportor 可提供对 reducer 相关附加信息的记录，形成任务进度。①

Mapper 最终的输出结果会通过 partition 分发到 Reducer 进行合并，合并的时候，具有相同 key 的键/值对送到同一个 Reducer 上。Reducer 完成规约操作后，将通过 OutPutFormat 输出。Reducer 是所有用户定制的 Reducer 类的基类，它的输入是 key 和这个 key 对应的所有 value 的一个迭代器，Reducer 对中间结果进行规约，输出最终结果。

(四)设置输出格式

当 MapReduce 输出数据到文件时，使用的是 OutputFormat 类，它与

① 参见陆嘉恒：《Hadoop 实战》，机械工业出版社 2011 年版。

InputFormat 类相似。默认的 OutputFormat 输出格式是 TextoutputFormat，将每条记录以一行的形式存入文本文件，每个键/值对内部都默认用制表符(/t)进行分隔。TextoutputFormat 的键和值可以是任意类型，因为每个记录的键和值都可以通过 toString( )转换为字符串(string)类型再进行输出。TextOutputFormat 对应的输入格式是 KeyValueTextInputFormat，因为它将键/值对通过可配置的分隔符从文本中分隔开来。

Reducer 的输出结果放在一个公共目录中，通常命名为 part-nnnnn，这里 nnnnn 是 reducer 的分区 ID。每个 reducer 仅需将它的输出写入自己的文件中，无需分片。RedcordWriter 将输出结果进行格式化，而 RecordReader 对输入格式进行解析。

第六节 MapReduce 任务优化

一个程序除了能完成基本功能外，还应该对性能问题加以考虑，具体来讲主要包括两个方面的内容:时间性能和空间性能。衡量性能的指标就是，在正确实现功能的基础上，使执行时间尽量短，占用空间尽量少。

一、任务调度

任务调度是 Hadoop 中非常重要的一环，它的优化则又涉及两个方面的内容，计算方面:Hadoop 总会优先将任务分配给空闲的机器，使所有的任务都能公平地分享系统资源；I/O 方面:Hadoop 会尽量将 map 任务分配给 InputSplit 所在的机器，以减少网络 I/O 的消耗。

二、任务数量

合理地设置 map 和 reduce 任务的数量，对提高 MapReduce 任务的效率是非常重要的，默认的设置往往不能很好地体现 MapReduce 任务的需求。首先定义两个概念，就是 map 任务槽和 reduce 任务槽，map/

reduce 任务槽就是集群能同时运行 map/reduce 任务的最大数量,可以通过任务槽对任务调度进行设置。设置 MapReduce 任务的 map 数量时,主要参考 map 的运行时间;设置 reduce 任务的数量时,只需参考任务槽的设置。一般来说,reduce 任务的数量应该是任务槽的 0.95 倍或者 1.75 倍,当 reduce 任务的数量是任务槽的 0.95 倍时,如果一个 reduce 任务失败,Hadoop 可以很快地找到一台空闲的机器重新执行这个任务;当 reduce 任务的数量是任务槽的 1.75 倍时,执行速度快的机器可以获得更多的 reduce 任务,因此可以使负载更加均衡,以提高任务的处理速度。①

修改配置文件中的相关属性,属性 mapred.tasktracker.map.tasks.maximum 的默认值是 2,属性 mapred.tasktracker.reduce.tasks.maximum 的默认值也是 2,因此每个节点上实际处于运行状态的 map 和 reduce 任务数最多为 2,而较理想的数值应在 10 到 100 之间,因此,可以在 conf 目录下修改属性 mapred.tasktracker.map.tasks.maximum 和 mapred.tasktracker.reduce.tasks.maximum 的取值,将它们设置为一个较大的值,使得每个节点上同时运行的 map 和 reduce 任务数增加,从而缩短运行时间,提高整体的性能。

例如下面的修改:

```
<property>
   <name>mapred.tasktracker.map.tasks.maximum</name>
   <value>10</value>
<description>The maxmum number of map tasks that will be run simultaneously by a task tracker.
</ description >
</property>
```

① JSpider User Manual[EB/OL].[2012-09-20].http://j-spider.sourceforge.net/.

```
<property>
  <name>mapred.tasktracker.reduce.tasks.maximum</name>
  <value>10</value>
<description>The maxmum number of reducetasks that will be run simultaneously by a task tracker.
</ description >
</property>
```

三、Combine 函数

Combine 函数是用于在本地合并数据的函数,在有些情况下,map 函数产生的中间数据会有很多的重复数据,若将这些重复数据一一传送给 reduce 任务是很耗时的,所以 MapReduce 框架运行用户编写的一个 combine 函数,用于本地合并,这将大大减少网络 I/O 操作的消耗。combiner 可以减少 map 和 reduce 之间传输的数据量,通过 combiner 来减少网络流量,较低的网络流量缩短了执行时间。合理地设计 combine 函数能有效地减少网络传输的数据量,提高 MapReduce 的效率。

四、文件压缩

在分布式系统中,不同节点的数据交换是影响整体性能的一个重要因素,在 Hadoop 的 map 阶段所处理的输出大小也会影响整个 MapReduce 程序的执行时间,这是因为 map 阶段的输出首先是存储在一定大小的内存缓冲区中的,如果 map 输出的大小超出一定限度,它会将结果写入磁盘,等 map 任务结束后再将它们复制到 reduce 任务的节点上,因此如果数据量大,中间的数据交换会占用很多的时间。

一个好的改善性能的方法就是对 map 输出进行压缩,这样的话会带来两个方面的好处:减少存储文件的空间;加快数据在网络上(不同节点间)的传输速度,以及减少数据在内存和磁盘间交换的时间。可以通过将 mapred.compress.map.output 属性设置为 true 来对 map 的输出数据进行压缩,同时还可以通过设置 mapred.map.output.compression.codec 属性,设置 map 输出数据的压缩格式。

五、重用 JVM

默认情况下,TaskTracker 将每个 Mapper 和 Reducer 任务作为子进程分别运行在独立的 JVM 中,这必然会给每个任务引入 JVM 的启动开销。如果 Mapper 对自身进行初始化,例如把一个大数据结构读到内存里,那么这个初始化就会延缓启动过程。在每个任务运行时间很短,或者说 Mapper 初始化要花很长时间的情况下,启动过程就会在整个任务运行时间中占去大半时间。①

Hadoop 从版本 0.19.0 开始,允许在相同作业的多个任务之间重用 JVM,因此启动开销被平摊到多个任务中。属性 mapred.job.reuse.jvm.num.tasks(见表 2-8)指定了一个 JVM 可以运行相同作业的最大任务数,它的默认值是 1,此时 JVM 不能重用,可以增大该属性值来启用 JVM 重用。如果将其设置为-1,则意味着可重复使用 JVM 的任务数量上没有限制。在 JobConf 对象中有一个便捷的方法,setNumTasksToExecutePerJvm(int),可以用它方便地设置作业的属性。②

表 2-8 允许 JVM 重用的配置属性

属性	描述
Mapred.job.reuse.jvm.num.tasks	整数属性,用于设置一个 JVM 可以运行的最大任务数。值为-1 表示没有限制

① Lam C.Hadoop in Action[M].Shelter Island,NY 11964:Manning Publications Co.,2010.

② Pydoop [EB/OL].[2011-12-26].http://sourceforge.net/projects/pydoop/.

六、网络学术文献并行处理模块实验结果

此研究并行处理实验数据共包含 71793 个 PDF 文件，而每个文件都不大于 1M，相对于 HDFS 默认的块大小(64M)来说算是比较小的了。如果 MapReduce 在数据处理的 map 阶段，输入的文件较小而数量众多的话，就会产生很多的 map 任务，每次新的 map 任务操作都会造成一定的性能损失。为了尽量使用大文件的数据，课题组对这些文件进行预处理，将这些数量众多的小文件合并成了一些大文件，然后再以这些大文件作为 Hadoop 的输入。将小文件做一些合理的预处理，变小为大后，不仅可以提高并行处理的性能，缩短执行时间，还可以减少空间的占用。

另外，如果不对小文件进行合并预处理，也可以借用 Hadoop 中的 CombineFileInputFormat。它可以将多个文件包合并到一个预处理单元中，从而每次的 map 操作就会处理更多的数据。同时，CombineFileInputFormat 会考虑节点和集群的位置信息，以决定哪些文件被打包到一个单元之中，所以使用 CombineFileInputFormat 也会使性能得到相应的提高。

运行 Txtcombine 程序，待用户输入一个目录后，程序自动读取目录中所有的或者取样后的部分 text 文件，将这些文件合并成一个 Hadoop 可以处理的文件。Txtcombine 程序的 toOneFile( )方法为每个符合条件的文件编号，然后提取该文件内容，并输出成“文件编号\t 文本内容”这样的格式，输出的文件路径为常量 OUTPUTPATH，同时，toOneFile( )方法还会输出一个“编号—文件”对应列表，该列表文件路径为常量 OUTPUTPATH 加上“_list”。

TxtCombine 程序输出的部分“编号—文件”对应列表如图 2-7 所示。

设置 Txtcombine 程序共运行四次，每次取样率不同，将取样参数 EVERYNTH 依次设为 1、10、100、1000，即取样率分别为 1、1/10、1/100、1/1000，在附录 C 程序中的具体设置如下：

```
5657    /home/kang/top10/d3/ccs.mit.edu/papers/pdf/wp214.pdf
5658    /home/kang/top10/d3/ccs.mit.edu/papers/pdf/wp224.pdf
5659    /home/kang/top10/d3/ccs.mit.edu/papers/pdf/wp220.pdf
5660    /home/kang/top10/d3/ccs.mit.edu/papers/pdf/wp215.pdf
5661    /home/kang/top10/d3/ccs.mit.edu/papers/pdf/wp216.pdf
5662    /home/kang/top10/d3/ccs.mit.edu/papers/pdf/wp212.pdf
5663    /home/kang/top10/d3/ccs.mit.edu/papers/pdf/wp211.pdf
```

图 2-7 TxtCombine 程序“编号—文件”对应列表部分输出

第一次：

private static final String OUTPUTPATH =“/home/kang/outputdata/every1”；

private static int EVERYNTH = 1；

第二次：

private static final String OUTPUTPATH =“/home/kang/outputdata/every10”；

private static int EVERYNTH = 10；

第三次：

private static final String OUTPUTPATH =“/home/kang/outputdata/every100”；

private static int EVERYNTH = 100；

第四次：

private static final String OUTPUTPATH =“/home/kang/outputdata/every1000”；

private static int EVERYNTH = 1000。

Txtcombine 程序第一次运行完成后，生成的文件路径为/home/kang/outputdata/every1，文件大小为 3.5GB，相应的“编号—文件”对应列表文件路径为/home/kang/outputdata/every1_list，文件大小为 5.7MB；Txtcombine 程序第二次运行完成后，生成的文件路径为/home/kang/outputdata/every10，文件大小为 357.8MB，相应的“编号—

文件”对应列表文件路径为/home/kang/outputdata/every10_list，文件大小为575.2KB；Txtcombine程序第三次运行完成后，生成的文件路径为/home/kang/outputdata/every100，文件大小为37.1MB，相应的“编号—文件”对应列表文件路径为/home/kang/outputdata/every100_list，文件大小为57.2KB；Txtcombine程序第四次运行完成后，生成的文件路径为/home/kang/outputdata/every1000，文件大小为3.4MB，相应的“编号—文件”对应列表文件路径为/home/kang/outputdata/every1000_list，文件大小为5.7KB。

Txtcombine程序运行完成后，将所获得的文件依次导入Hadoop进行并行处理。在命令行中伪分布式启动Hadoop，用jps查看各个子进程是否正常运行，如图2-8所示，在命令行中伪分布式关闭Hadoop的界面如图2-9示。

```
kang@kang-desktop:~/hadoop$ jps
2564 NameNode
2732 DataNode
2987 JobTracker
3155 TaskTracker
3245 Jps
2909 SecondaryNameNode
```

图2-8　Jps查看伪分布启动Hadoop

```
kang@kang-desktop:~/hadoop$ bin/stop-all.sh
stopping jobtracker
localhost: stopping tasktracker
stopping namenode
localhost: stopping datanode
localhost: stopping secondarynamenode
```

图2-9　伪分布关闭Hadoop

Txtcombine程序按取样参数EVERYNTH依次设为1、10、100、1000全部运行完成后，在搭建好的Hadoop集群机器中分别进行并行处理。

文件 every1 生成的词—文档矩阵大小为 1079.6GB，用时 3496s；文件 every10 生成的词—文档矩阵大小为 18.8GB，用时 417s；文件 every100 生成的词—文档矩阵大小为 333.8MB，用时 53s；文件 every1000 生成的词—文档矩阵大小为 5.8MB，用时 6s。从实验结果可以看出：在海量网络学术文献的并行处理研究中，引入 Hadoop 平台，在处理速度，处理时间，存储空间等方面都有很大的优势。当然，Hadoop 的并行处理性能还取决于文件的大小和数量，处理的复杂度以及群集机器的数量，当以上三者并不大时，Hadoop 优势并不明显。

MapReduce 程序计算出文件中各个单词的频数，输出结果按照单词的字符顺序进行排序，每个单词和其频数占一行，单词和频数之间有间隔。取样参数 EVERYNTH 为 100 的时候，MapReduce 并行处理的部分过程如下所示：

12/03/13 10: 32: 19 INFO mapred.JobClient: Map input records = 678

12/03/13 10: 32: 19 INFO mapred.JobClient: Reduce shuffle bytes = 0

12/03/13 10: 32: 19 INFO mapred. JobClient: Spilled Records = 8978859

12/03/13 10: 32: 19 INFO mapred. JobClient: Map output bytes = 37000062

12/03/13 10: 32: 19 INFO mapred. JobClient: Map input bytes = 38882531

12/03/13 10: 32: 19 INFO mapred. JobClient: SPLIT _ RAW _ BYTES = 214

12/03/13 10: 32: 19 INFO mapred. JobClient: Combine input records = 0

12/03/13 10: 32: 19 INFO mapred. JobClient: Reduce input records = 2992953

12/03/13 10: 32: 19 INFO mapred. JobClient: Reduce input

groups = 255862

12/03/13 10: 32: 19 INFO mapred. JobClient: Combine output records = 0

12/03/13 10: 32: 19 INFO mapred. JobClient: Reduce output records = 255862

12/03/13 10: 32: 19 INFO mapred. JobClient: Map output records = 2992953

程序执行完毕后,可以通过几种方式得到结果:①用命令行直接显示;②将输出的文件从 HDFS 复制到本地文件系统上,在本地文件系统上查看;③通过 web 界面查看输出的结果。Hadoop 自带的网络用户界面在查看工作信息时很方便,当 Job 在运行的时候,对跟踪 Job 工作很有用,同样在工作完成后,查看工作统计和日志也会很有用,Hadoop JobTracker 页面如图 2-10 所示。

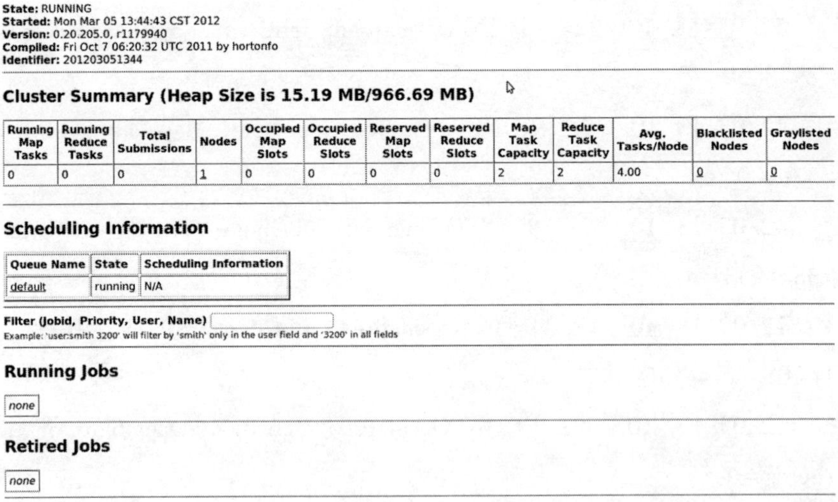

State: RUNNING
Started: Mon Mar 05 13:44:43 CST 2012
Version: 0.20.205.0, r1179940
Compiled: Fri Oct 7 06:20:32 UTC 2011 by hortonfo
Identifier: 201203051344

Cluster Summary (Heap Size is 15.19 MB/966.69 MB)

Running Map Tasks	Running Reduce Tasks	Total Submissions	Nodes	Occupied Map Slots	Occupied Reduce Slots	Reserved Map Slots	Reserved Reduce Slots	Map Task Capacity	Reduce Task Capacity	Avg. Tasks/Node	Blacklisted Nodes	Graylisted Nodes
0	0	0	1	0	0	0	0	2	2	4.00	0	0

Scheduling Information

Queue Name	State	Scheduling Information
default	running	N/A

Filter (Jobid, Priority, User, Name)
Example: 'user:smith 3200' will filter by 'smith' only in the user field and '3200' in all fields

Running Jobs

none

Retired Jobs

none

图 2-10 Job Tracker 页面

本章节设计了基于 Heritrix 与 Hadoop 平台的海量网络学术文献获

取及并行处理模型,主要从以下几个方面展开研究:①网络学术文献的主要来源及特点;②网络学术文献的常用文件格式;③网络学术文献资源的获取方案设计;④网络学术文献的判定方法;⑤网络学术文献的并行处理。本章节论述了网络学术文献获取及并行处理模型各个模块的实现过程,并给出了部分实验结果,用具体实验来验证整个模型框架的实用性和高效性,同时阐述了模型实现过程中应注意的一些问题。下一章将论述本体集成的内容,为基于语义的文本自动分类模型打下基础。

第三章
本体集成

第一节　本体研究

一、本体概念

目前,比较权威的、国内学者广泛使用的本体定义是德国卡尔斯鲁厄大学 Studer 等人在 1998 年给出的一个较为明确的解释:“本体就是对共享概念体系的明确的、形式化和可共享的规范说明”,主要包括如下四个方面①:

①概念化(Conceptualization):客观世界的现象的抽象模型;

②明确化(Explicit):概念及它们之间语义关系都被明确定义;

③形式化(Formal):精确的数学描述;

④共享(Share):本体中反映的知识是用户共同认可的,可供用户共享与交流。

此定义既涵盖了 Gruber 和 Borst 的定义,又在其基础上强调了本体的形式化特性。实际上,本体就是对特定领域中的概念及其相互之间关系的形式化表达。本体的目标是获取相关领域的知识,确定该领

① STUDER R, BENJAM INS VR, FENSEL D. Knowledge Engineering: Principles and Methods[J]. Data and Knowledge Engineering, 1998, 25(102): 161-197.

域内共同认可的概念，通过概念之间的关系来描述概念的语义，提供对该领域知识的共同理解。①

二、本体基本构成要素

目前大部分本体通常由五种要素构成。①类（Classes）或概念（Concepts）。类或概念是指现实世界中的各类对象或实体的指代。②关系（relations）。是指概念或类之间的各种语义关系，形式上可以定义为 n 维笛卡尔积的子集：R：$C_1 \times C_2 \times \cdots \times C_n$。目前常见的关系有子类关系（subclass-of）、超类关系（superclass-of）、等价关系（equivalent-of）等。③函数（functions）。是指一种用于定义类或概念之间相互作用的特殊关系，通常该关系的前 n-1 个元素可以唯一决定第 n 个元素。形式化的定义为：F：$C_1 \times C_2 \times \cdots \times C_{n-1} \to C_n$。如函数 Farther-of（x，y）表示 y 是 x 的父亲，mother-of（x，y）表示 y 是 x 的母亲；④公理（axioms）。公理表示一种永真断言，如概念乙属于概念甲的范围；⑤实例（instances）。实例是对本体类或概念的具体化的解释和描述。

三、本体类型

目前国内外比较常见的本体类型主要有两类：领域本体和上层本体。领域本体是对具体领域中概念及其之间语义关系的抽象化概括和描述，如氨基酸本体（Amino Acid Ontology），主要描述氨基酸类型、概念、属性、性质及它们之间关系的小型本体；基因本体（Gene Ontology，GO）主要描述基因类型、作用、概念、属性及其之间语义关系的领域本体。领域本体通常由该领域中的专业术语概念、属性、实例和关系组成，因此领域本体之间独立性比较强，互操作能力较弱。上层本体是一

① 参见和延立、杨海成、何卫平等：《信息集成与知识集成》，《计算机工程与应用》2003 年第 4 期。

种适用于各个领域的通用化共享概念体系，上层本体中的概念是通用化的、抽象的、普遍适用的。目前，在国内外研究机构、学者等的努力下，已经建成几部涵盖领域广泛、有实际应用价值的标准化上层本体如都柏林核心、通用形式化本体（General Formal Ontology，GFO）、OpenCyc（OpenCyc）、推荐上层合并本体（Suggested Upper Merged Ontology，SUMO）以及 DOLCE 等。另外，有些学者认为 WordNet 也属于上层本体，但实际上它并不是一部本体，它只是通过语义网络将现实社会中具有同义、多义等关系的词汇分类汇集成一部大型英文语义词典。

四、本体表示语言

目前比较流行的本体表示语言是基于 Web 本体表示语言，其主要采用基于 XML（eXtensible Markup Language）语法结构，用于 Web 信息的表示和共享。基于 Web 的本体表示语言主要以下几种①：

（一）RDFS

RDFS 本体表示语言由 W3C 制定，它是 RDF 的一种语义扩展形式，主要增加建模元语如类、类继承、属性继承、域和范围等的形式进行扩展。RDFS 基于语义网络模型，完全遵循 XML 的语法，并采用“对象—属性—值”的三元组方式描述网络上一切资源。理论上，三元组可以描述任何知识资源，但它对一些复杂的类进行描述时，效率较低，对许多知识的表示不自然。另外，RDFS 没有推理能力。

（二）OIL

OIL（Ontology Interchange Language）是欧洲 On-To-Knowledge 项目组设计的本体语言。它集成了三种本体表示模式：基于框架的建模、基

① 参见岳静、张自力：《本体表示语言研究综述》，《计算机科学》2006 年第 2 期。

于描述逻辑的形式化语义和基于 XML 的语法。使用 OIL 定义的本体能够被映射到描述逻辑的公理,因此能够借助已有的系统执行可靠性和完整性推理。然而 OIL 基于的描述逻辑,是一阶逻辑的一个子集,语法和语义相对抽象,描述能力相对较弱,另外,OIL 在描述本体时,没有将语言学规律和特点考虑在内。

(三)DAML+OIL

DAML+OIL(DARPA Agent Makeup Language+OIL)是 DARPA 定义的本体描述语言,它也是基于 RDF 的一种扩展语言,融合了 DAML 和 OIL 两种语言的优点,为 RDF 框架提供了推理规则的描述方法。

(四)OWL

OWL(Web Ontology Language)是一种标准本体描述语言,建立在 DAML 十 OIL 层之上,主要用于描述网络环境下 Web 资源类及其之间语义关系,构建 Web 资源本体,为实现新一代语义 Web 提供基础。

第二节　本体库研究

一、国内外主要本体库

目前国内外存在众多不同的本体库如,通用本体库 WordNet、DB-pedia、Cyc、HowNet 和专业领域本体库做得比较成功的生物医学和企业领域本体库。无论是通用本体库系统还是专业领域本体库系统都是在自然语言处理中受到广泛重视和使用的在线知识资源库。它们都已应用于自然语言处理的各个领域,如句法歧义消除、语义歧义化解、信息检索、机器翻译等。下面介绍的本体库各具自己的优越性和不可替代性,也各自拥有稳定的用户群体。

(一) WordNet

WordNet 是美国普林斯顿大学由 George A.Miller 带领的一组心理词汇学家和语言学家于 1985 年起开发的大型的英文词汇数据库,它是传统词典信息与现代计算机技术以及心理语言学研究成果有机结合的一个产物。① 目前与 WordNet 相关的研究已经涉及德语、法语等其他多种语言的研究,被认为是计算语义学、文本分类等相关领域研究者可获取的最为重要的资源。表 3-1 列出了 WordNet3.0 数据库中包含的词汇统计数据。

表 3-1　WordNet3.0 的数据库统计数字②

词性 统计量	名词 Noum	动词 Verb	形容词 Adjective	副词 Adverb	总计 Totals
个数	117798	11529	21479	4481	155287
同义词个数 Synsets	82115	13767	18156	3621	117659
单词—含义匹配数 Word—Sense Pairs	146312	25047	30002	5580	206941
单义词和单义含义	101863	6277	16503	3748	128391
多义词	15935	5252	4976	733	26896
多义含义	44449	18770	14399	1832	79450
包含单义词的多义词平均数	1.24	2.17	1.40	1.25	
排除单义词的多义词的平均数	2.79	3.57	2.71	2.5	

WordNet 以同义词集(Synsets)为单位组织信息,对查询结果的演

① George A. Miller, Richard Beckwith, Christiane Fellbaum, Derek Gross, and Katherine Miller.Introduction to WordNet:An On-line Lexical Database [EB/OL].(1993-08).[2010-9-1].http://wordnet.princeton.edu/.

② 数据来源:http://wordnet.princeton.edu/wordnet/man/wnstats. 7WN.html。

绎比较符合人类的思维定势。所谓的同义词集是在特定的上下文关系中可互换的同义词集合。它与普通词典的最大区别是它是根据词义而不是词形来组织词汇信息。WordNet 关心词与词之间的联系,认为词的意义在于词与词之间的区别和联系,而词与词之间的组织方式显示了词概念之间的区别和关联。它认为词性反映了词汇所包含的概念的类别,在组织中将词汇分成五个类:名词、动词、形容词、副词和虚词。实际上,Wordnet 仅包含名词、动词、形容词和副词,忽略了英语中较小的作为语言句法成分的虚词集。WordNet 使用同义词集表示一个语言符号,重点分析名词、动词、形容词和副词的语义关系,构建了诸如层级系统、N 维空间关系、蕴含关系等关系系统,期望通过这些关系来表征语言的意义。

WordNet 的各个版本均可以在普林斯顿大学认知实验室的网站上(http://wordnet.princeton.edu/wordnet/)免费下载。

为了更加清晰地了解 WordNet 的用途,转到 WordNet 的浏览器界面,由于 WordNet3.0 版本对于安装系统的要求较高,我们使用 WordNet2.1 版本来了解一下。

图 3-1 是课题组在浏览器中输入 mouse,了解与 mouse 这一概念相关的信息。从图中可以看出单词 mouse 既有名词的词性也有动词的词性,点击 Noun 选项可以查询其同义词"Syonoyms"、并列术语"Coordinate Terms"、上位词"Hypertms"、下位词"Hyponyms"、摘要"brief"、完整"full"、组分概念"Holonyms"、规则的部分词"Meronyms"、继承的部分词"Meronyms"、关联格式的变形"Derivationally related forms"和歧义参数"Familiarity"。点击 Verb 选项可以查询其以估计频率排列的同义词、以相似性分组的同义词、并列术语、上位词、关联格式的变形、句式框架"Sentence frames"和歧义参数。

如果查询的是形容词,可以提供以下概念:同义词和相关名词性概念、反义词、该词的值、关联格式变形和歧义参数等。如果查询的是副词,可以提供:同义词和以其为词干的形容词、词域和歧义参数。

尽管WordNet3.0版本比最初的版本无论是在词汇量还是在用户界面上都有了很大改进,但是它的查询范围仍然只限于英文的名词、动词、形容词和副词四种词汇。WordNet将代词归入名词概念中,而定冠词则无法查询。从本质上来讲,WordNet更可以说是一部电子词汇数据库(An Electronic Lexical Database),与真正意义上的本体库相去甚远。由于系统原始条件的缺陷以及数据庞大而又无法再进行重新标引的词库等限制因素,WordNet注定不能成为具有推理功能的系统,而只是"一部基于网络的叙词表检索系统"①。

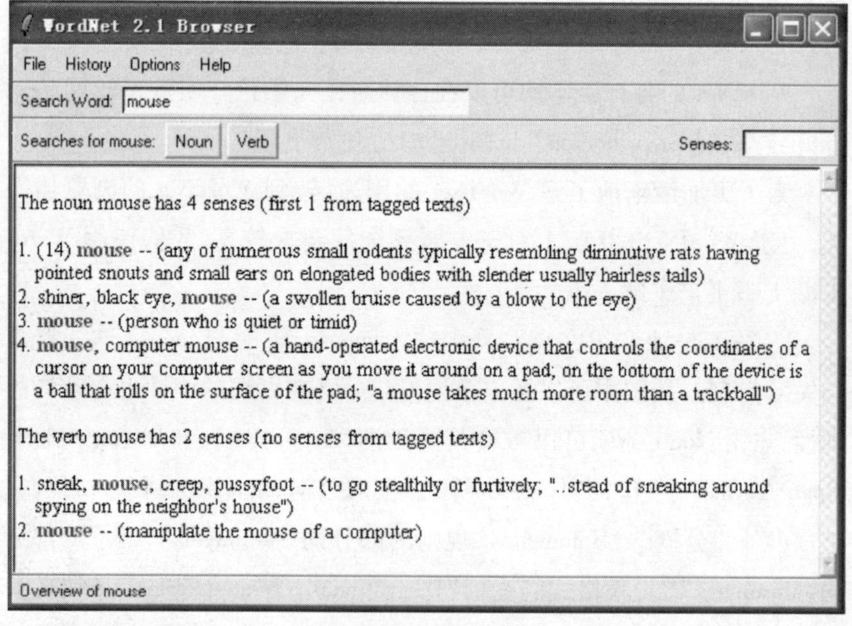

图3-1 WordNet2.1

① 张晓林:《元数据应用与研究》,北京图书馆出版社2002年版。

(二)DBpedia

知识库在提高网络智能和智能搜索方面起着重要的作用,同时也支持信息的集成。由成千上万人维护的 Wikipedia 就是人类知识资源的知识库。DBpedia 项目通过从维基百科(Wikipedia)的词条里抽取结构化数据,以更加有效地获得信息来平衡这个巨大的知识资源。

图 3-2 展示了 DBpedia 强大的链接数据。基于维基百科数据集,

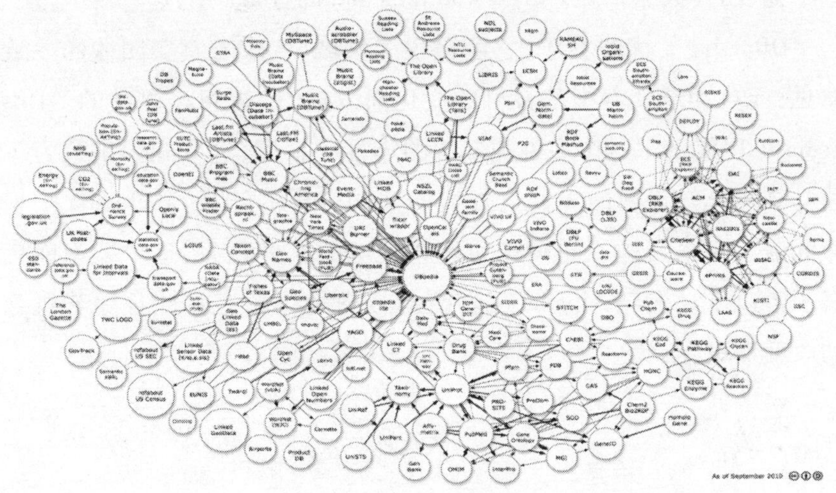

图 3-2 DBpedia 的链接数据资源①

DBpedia 允许用户复杂问题的查询,并链接网上其他数据集到维基百科数据集。② 目前 DBpedia 描述多于 340 万个事件,其中 150 万个一直以本体的方式进行分类,包括 312000 个人物、413000 个地方、94000 个

---

① 图片来源:http://richard.cyganiak.de/2007/10/lod/,最后更新日期 2010 年 9 月 22 日。

② Christian Bizera, Jens Lehmannb, Georgi Kobilarova, Sören Auerb, Christian Beckera, Richard Cyganiakc, Sebastian Hellmannb. DBpedia-A crystallization point for the Web of Data[C]. In: Web Semantics: Science, Services and Agents on the World Wide Web 7. 2009: 154-165.

音乐专辑,15000 个视频游戏,140000 个组织机构,146000 个物种和 4600 种疾病。DBpedia 数据集有特色的标签,从九十多种语言中提取这 320 万个事件,841000 种链接图片,5081000 个外部网络连接,9393000 个外部链接到 RDF 数据集,565000 个维基百科类别和 75000 个 YAGO 类别。DBpedia 包含的十亿多条信息中有两亿五千七百万是从维基百科的英文版本中提取的,七亿六千六百万是从其他语言的版本中提取的(数据来源 http://wiki.dbpedia.org/Datasets)。

DBpedia 的优势在于:它涵盖很多领域,代表着真实团体的一致意见,能自动地随着维基百科的变化而发展,是真正多语种的。DBpedia 工程展示了一个多种类知识的丰富语料库,这些知识是致力于建立结构化知识库的人们大规模的共同合作的结果。DBpedia 知识库涵盖了一系列的不同领域和这些领域的实体联系,这个知识库代表了数以千计的 Wikipedia 工作者对概念的一致意见并且随着概念的改变而进化。

(三)Cyc

Cyc 提取了单词 encyclopedia(百科全书)中间的三个字母,百科全书并非包括所有的知识,一些显而易见的知识就没有,但正是这些显而易见的知识就是常识性知识,Cyc 项目就是着手用电脑表示需要了解但百科全书中没有的常识性知识。这个项目始于 1984 年,是 Cycorp 集团正在进行的项目,它的发起人是 Cycorp 集团的总裁和首席执行官,卡耐基梅隆大学和斯坦福大学计算机科学系的教授,同时也是一位高产作者的 Dong Lenat。[①] Cyc 是一个试图综合日常生活常识,建立综合的本体库和数据库的人工智能工程,其目标是使人工智能具有与人

① 参见李景:《本体理论在文献检索系统中的应用研究》,中国科学院文献情报中心,2005 年。

相似的推理能力。

1994年度的图灵奖获得者Edward Feigenbaum在2001年1月曾说过:“智能系统的动力驱动是系统所包含领域的知识……Cyc不仅有世界上最大的知识库,也是技术论的最好代表。”①Cyc旨在提供一种可以为其他程序使用的深层次的理解并使它们灵活方便地应用。它的知识库服务器是一个非常庞大的多语境知识库和Cycorp集团自主开发的推理引擎。Cycorp集团的目标是打破“软件开发的瓶颈”,构建通用性常识知识基础——集结了术语、规则和关系的语义底层,这一知识库的成功将带来为数众多的知识密集型产品和服务。Cyc技术包含以下内容,这些技术之间的联系如图3-3所示。

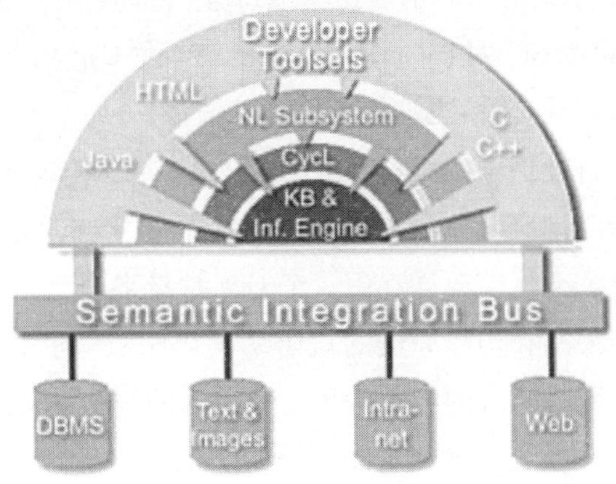

图3-3 Cyc技术之间的联系②

①Cyc知识库,形式化地表达了大量的人类基础知识:事实、规则和用于推理的启发式,表示的中介是形式语言CycL。知识库的术语构成了庞大的词表和断言集合。Cyc知识库被分成了数以千计的微理

① Cycorp,Inc.About Cycorp[EB/OL].[2010-9-1].http://www.cyc.com/cyc/company/about.

② 图片来源:http://www.cyc.com/cyc/technology。

论,每个微理论都由一串断言构成。微理论机制允许 Cyc 独立地维护看起来具有矛盾对立性的断言,并促进 Cyc 系统提高专注于推理过程的能力。目前,Cyc 知识库包括接近 50 万条术语,包含 1.5 万个关系类型和 500 万条关于这些术语的断言,还有数以万计的手工录入和解释术语的断言。术语合并的功能还可以自动生成数以百万计的非原子化术语。

②Cyc 推理引擎,可以执行通用的逻辑学推理,还带有 Al 领域著名的推理机制。Cyc 也包括一些特殊目的的推理模型以处理一些特殊类别的推理。

③CycL,即 Cyc 表示语言,是一种灵活的知识表示语言。本质上,CycL 是一种增量式的一阶谓语逻辑微积分,它具有易于操作的等式扩展、缺省推理机制和一些二阶谓语逻辑的特征。Cyc 用一种定义形式,包括特殊名称假设,能恰当地接近人类的假设。

④自然语言处理子系统,由三个部分组成:词典部分、语法分析器和语义注释器。词典部分是自然语言系统的主干,包含英文单词的语法和语义信息。每一个单词都用一个 Cyc 常量来表示。语法分析器利用松散的基于控制和构建原则的短语结构语法,还利用了大量的与上下文无关的规则为输入的句子构建自底向上的树状结构。语义注释器是 Cyc 自然语言系统中的语义单元,输出的都是纯 CycL 语句,一个经过解析的句子可以被立即加入到知识库中。语义单元在解译句子的每一步骤中都会使用知识库中的知识。利用常识来指导解译的程序,可以处理有关自然语言模糊性的任何疑难,从而摆脱单纯依靠统计技术的局面。

⑤Cyc 语义集成的数据传输总线如图 3-4 所示,基于计算机的信息有很多存储格式,包括结构化信息、半结构化信息和非结构化信息。Cyc 通常将非结构化信息视为无用信息,保留经过注释的可以为人所获取的信息。Cyc 将每一条数据库记录都看作是知识库中隐含的断

言,这些断言在进行推理时很有用。

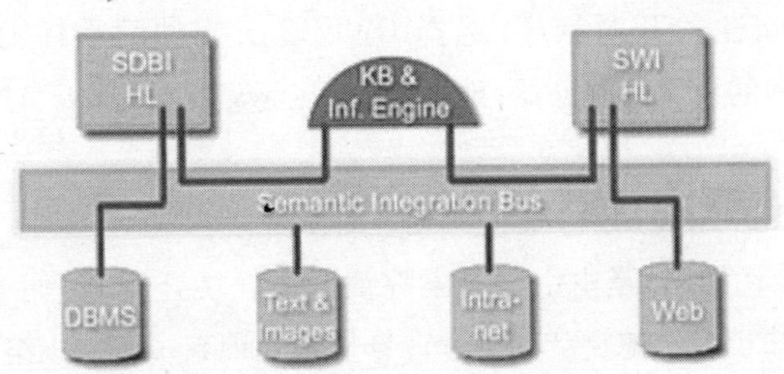

图 3-4　Cyc 语义集成的数据传输总线①

⑥Cyc 开发工具包,Cyc 系统包含了各种界面工具,允许用户区浏览、编辑和扩展 Cyc 知识库,向推理引擎提出检索式,再与自然语言和数据库集成模块互操作。最常用的工具是 Cyc 的 HTML 浏览器,允许用户以超文本途径查看知识库,还包含对知识库进行查询和编辑的功能。

OpenCyc 是 Cyc 技术的源代码版本,在网上可以获取(http://sourceforge.net/projects/opencyc/files/),包括 Cyc 本体的部分内容,以及公理、规则集和推理引擎。目前它是世界上最大、最全的综合性知识库和常识推理工具,OpenCyc 包含全集的 Cyc 术语和上百万的 Cycorp 无偿提供的本体断言,以鼓励人们合理的使用。OpenCyc1.0 版本包含:全部的 Cyc 本体包含成千上万的术语和上百万的术语之间的关系断言,组成了一个含有客观世界常识知识的顶级本体库;对应于所有概念术语的英语串,帮助研究和显示;Cyc 推理引擎和知识库浏览器的可编辑版本;帮助用户自己把握学习节奏的教学资料,包含知识表示和利用 Cyc 进行软件开发的工具;CycL 的规范说明,还有 CycL—to—Lisp

① 图片来源:http://www.cyc.com/cyc/technology/technology/whatiscyc_dir/whatsincyc。

语言和 CycL—to—C 语言的翻译器;Cyc 应用程序接口(API)的规范说明;Cyc 概念和 WordNet 同义词集之间的链接。OpenCyc1.0 版本还包括一些实验性的开源程序:选择 OWL 输出文件的本体输出;支持 DAML 查询的语义网服务器;推理图程序;Java 版本的 Cyc API。①

(四)HowNet(知网)

HowNet(知网)是由中国科学院董振东教授开发的一个汉语和英语的常识知识库。德克萨斯大学计算机系知识系统研究小组将知网列为本体项目之一。研究小组对知网的评价是:"知网是一个在线的常识知识库,用于自然语言处理。它包含中文词典中概念与概念间的关系,概念的属性与属性之间的关系。同时还包含了与中文对应的英文概念,以及概念的属性之间的关系。"②

知网是一个以英汉双语所代表的概念以及概念的特征为基础的,以揭示概念与概念之间以及概念所具有的特征之间的关系为基本内容的常识知识库。知网的中文信息结构的描述对象是,由中文词语所表述的、由《知网》所规定的最基本的运算单元,它们是:万物、部件、属性、属性值、事件、时间和空间等。信息结构的描述内容是:中文词语的各个组成部分之间的、由《知网》所规定的动态角色关系或属性。通过对信息结构的揭示,我们可以认识到中文是如何描述诸如万物、部件、属性等概念的,或如何由简及繁地表达意义的。由此本库也将揭示中文的语言结构的规律。③

HowNet 基本组织单位是概念,概念使用义原定义。概念与概念之

---

① OpenCyc.Foemalized Common Knowledge [EB/OL].(2009-4-8).[2010-9-1].http://www.opencyc.org/releases/.

② 李景:《本体理论在文献检索系统中的应用研究》,硕士学位论文,中国科学院文献情报中心,2005 年。

③ 董振东、董强:《关于知网—中文信息结构库》[EB/OL].[2010-9-1].http://www.keenage.com/html/e_index.html。

间的关系、概念与义原之间的关系以及义原与义原之间的关系构成了知网的知识体系。义原之间存在复杂的关系，组成了复杂的网状结构。在知网中共描述了义原之间的 8 种关系：上下位关系、同义关系、反义关系、对义关系、属性——宿主关系、部件——整体关系、材料——成品关系、事件——角色关系。这些关系主要体现在知网的词典和各个特征文件描述中。而在各个特征文件中这些关系体现在特征的层次组织树中，及必要角色框架和共性特征描述项中。这就使得知网知识库对概念的描述必然是复杂性描述，知网中概念的描述既具有概括性、一般性的描述，又具有因不同类别而引起的细节性描述，由此而引发了概念描述的一致性和准确性问题。为了确保概念描述的一致性和准确性，知网开发出一套知识描述规范体系——知网知识系统描述语言(KDML)。

表 3-2　中文信息结构库数据(单位:个)①

信息结构模式	271
句法分析式	49
句法结构式	58
词语实例	11000
总字数	六万字

知网中文信息数据库数据见表 3-2，知网作为一个知识库，它的知识结构与其说是知识树不如说是知识图表，它致力于展示概念的一般的和特殊的属性。例如，对于医生和病人，人是一个一般属性的概念，人的一般的属性被记录在概念的主要性能中，作为治病的代理机构对于医生是一个特殊的属性，就像疾病对于病人一样是特有的属性。无论是富有还是贫穷，无论是漂亮还是丑陋，作为一个人就是一个一般的

① 数据来源：http://www.keenage.com/html/e_index.html。

属性,但是他们又都享有独有的特性——价值、名字、富有、贫穷、漂亮或者是丑陋。知网不遗余力地反映概念内部关系和属性内部关系的复杂性。①

从本质上来看,知网词库中虽然蕴含了大量的概念与概念、属性与属性之间的关系,但是系统仍然以词汇作为概念的基本单元,不具备作为本体系统所具备的推理、知识发现等功能,所以知网本身也不是真正的基于本体的系统,它可以作为汉英机器翻译的语料库使用。

(五)Biomedical Ontology(生物医学领域本体)

现存的生物医学领域的表征对于信息检索的目的来说是足够的,但是一般来说这些表征的知识组织对于计算机推理是并不适用的。计算机推理需要本体提供的有原则的、一致性的组织结构。因此生物医学领域研究开发了各种方法来开发本体,可以从现有的资源中获得本体,也可以通过其他的知识资源获得。以下介绍几个比较成功的生物医学领域本体:

1.TMO(Translational Medicine Ontology 转化医学本体)

转化医学本体的研究力量来源于 World Wide Web 联盟的医疗保健和生命科学利益集团,并且是生物医学本体国家中心的一部分。TMO 是一个高级的、以患者为中心的本体,它架构了现存的开源领域本体,并为关联和集成全部转化机构以患者为中心的数据提供了框架。转化医学本体为架构转化医学的多个领域提供了术语,这些领域包括假说管理、探索研究、药物开发和规划、临床研究和临床实践。首先从使用案例进行设计,这个本体包含能够映射到其他本体的必要的术语。它作为一个全局的模式服务于数据集成,同时便利于异质资源的复杂

---

① Zhendong DONG, Qiang DONG. HowNet [EB/OL]. [2010-9-1]. http://www.keenage.com.

查询的规范化。

转化医学取决于综合的集成患者的全部数据以利于促进和评估药物的发展。本体在自动集成患者相关信息数据以促进探索研究、假说管理、规划、临床试验和临床研究方面起了一个重要的作用。语义Web技术能够确保使用明确的语义集成异质的数据，对于数据聚集提供丰富和定义明确的表达，在原始数据的基础上获得新知识的逻辑应用。知识表征的四个主要的语义Web标准是：RDF(Resource Description Framework)、RDFS(RDF Schema)、OWL(Web Ontology Language)和作为查询语言的SPARQL。开发OWL本体支持药物、药物基因和临床试验，并逐渐地应用于医疗保健和生命科学中。

TMO定义了横跨材料实体的75种类别(如分子、蛋白质、细胞系、药物制剂)、任务(如项目、目标、有效成分)、进程(如诊断、研究、干预)和信息实体(如剂量、作用机制、迹象\症状、家族史)。TMO扩展了Basic Formal Ontology定义的基本类型和关系本体中的使用关系。[①] TMO能够使科研人员回答新问题，更快地回答现存的科学问题，也能够帮助制药公司塑造以患者为中心的信息模型，以明确药量和次佳安全的化合物的早期检查。

2.UMLS semantic network(UMLS语义网络)

美国国家医学图书馆开发了一体化医学语言系统UMLS(Unified Medical Language System)，它的目标是通过一体化获得生物医学资源的词表为大量的生物医学资源提供集成的解决方案。目前，UMLS连接了生物医学领域的60个受控词表。UMLS覆盖范围十分广泛，不仅包括临床医学的很多概念，还包括大量的生命科学等扩展领域的概念。它为了为所有的UMLS概念提供一个全面的概念框架，开发了一个上

① Michel Dumontier, et al. The Translational Medicine Ontology: Driving personalized medicine by bridging the gap from bedside to bench. Proceedings of the 13th ISMB'2010 SIG meeting "Bio-ontologies" 2010:120-123.

层本体，叫作 UMLS Semantic Network（UMLS 语义网络）。① UMLS Semantic Network 是 UMLS 开发的三个知识库资源之一，这个网络为 UMLS 词表的所有概念提供统一的分类。

UMLS Semantic Network 包含：①一套广的主题类别或语义类型，目的是为 UMLS 词表的所有概念提供统一的分类；②一套有用的重要的存在于语义类型之间的关系或语义关系，这部分文档为语义网络提供概述，并且描述语义网络的文件。语义类型的主要组群包括：有机体、解剖学结构、生物学功能、化学品、事件、物理对象和概念或观点。这个语义网络有 134 个语义类型，用 UMLS 为所有的概念表示提供了一个一致性的类别。语义类型之间的 54 个链接提供了网络的结构并表现了生物医学领域的重要关系。语义类型中的主要链接是“is-a”链接，这种链接确立了网络类型的层次，用于决定有效地分配词表概念的最具体的语义类型。也有一套无层次的关系，主要分为五种类型：“physically related to”，“spatially related to”，“temporally related to”，“functionally related to”和“conceptually related to”。UMLS Semantic Network 对于所有请求者的查询都是有效的，并且是免费的。②

3.Gene ontology（基因本体）

GO 项目是 2000 年由 GOC（The Gene Ontology Consortitum，基因本体联盟）研发的。GOC 的目的是要创建一套动态的受控词表。GO 项目旨在定义出一套结构化的、定义精确的、通用受控词表，可用来描述任何有机生物体中基因和基因产物的作用。GO 项目开发了三个结构控制词表（本体）用来描述基因产物，这三个独立的词表本体是：生物学过程本体（Biological Processes）、分子功能本体（Molecular Functions）

---

① Alexa T. McCray. An upper-level ontology for the biomedical domain. Wiley Inter-Science. Comp Funct Genom 2003;4:80-84.

② *Fact Sheet* UMLS© Semantic Network. United States National Library of Medicine [EB/OL]. [2010-12-1] http://www.nlm.nih.gov/pubs/factsheets/umlssemn.html.

和细胞成分本体(Cellular Components)。这项工作有三个独立的方面:一是开发和维护自身本体;二是基因产物的注释,确保合作数据库中的本体、基因和基因产物相关联;三是开发创造、维护和使用本体的工具。

GO项目是个合作项目以满足不同数据库基因产物描述一致性的需要,它合并了三大模式生物数据库,包括:果蝇数据库(Fly Base,Drosophila)、老鼠基因组数据库(MGD,Mouse Genome Database)和酵母基因组数据库(SGD,Saccharomyces Genome Database)。

在GOC的官方网站上,对于GO有如下的定义①:

GO不是基因序列的数据库,不是基因产物的分类目录。GO描述的是基因产物如何在细胞环境中发挥作用。

GO不是一个指令型标准,不是那种跨系统使用的术语或命名体系。基于参加研究的合作方各自的利益协商以达到一致。

GO不是将生物信息数据库进行标准化统一的途径。GO提供的可共享词表只是迈向标准化的中间步骤,但仅有这一步是远远不够的。

目前GO存在如下缺陷:①知识的变化与更新远远滞后。②对各种不同的数据,要达成共同的评价或认识很困难。只有在合作方达成共识的基础上,才可以进行基因产物的比较研究,并确定它们之间是否有关联,是否相互作用。③GO并没有打算去描述生物学的每一个方面。

(六)EO(Enterprise Ontology 企业领域本体)

企业本体与工商企业有关的术语和定义的集合。这个本体是在由英国爱丁堡大学的人工智能应用研究学院和它的合作者IBM、

---

① An Introduction to the Gene Ontology.The Gene Ontology [EB/OL].[2010-12-1]. http://www.geneontology.org/GO.doc.shtml.

Lloyd's Register、Logica UK Limited 和 Unilever 开发的企业项目(Enterprise Project)的基础上发展起来的,这个项目得到英国政府工业与贸易部门的赞助,它是智能系统集成项目的子项目,项目编号是IED4/1/8032。① 企业项目目的是通过合作产生一个企业模式化的框架,企业本体为此框架提供一个基础的服务,包括方法和企业模式化的计算机工具箱。

企业本体可以被划分为以下几个主要部分:①行动与过程(ACTIVITIES and PROCESSES)核心概念是行动。②组织(ORGANISATION)核心概念是法律实体和有组织的单位。③策略(STRATEGY)核心概念是目标。④营销(MARKETING)核心概念是销售。企业的概念模型必须连贯的、综合的、一致的、简洁的、必要的。

二、本体库比较分析

(一)通用本体比较分析

1.描述语言(见表 3-3)

WordNet 词库是一种人机可读的 ASCII 格式,人们可以方便地获得并以自己的方式使用。Grinder 是以 C 语言编辑的多途径编译器,它是一个通用的工具,首要的目的是以词库的格式编译编纂者的文件,能够促进 WordNet 信息的机器检索。它也作为一个确认工具,当存档系统的还原命令返回时确保编纂者文件的语法完整。

DBpedia 的描述语言是 RDF,目前有两种不同的方法来提取语义关系:①映射关系型数据库中的关系成 RDF;②直接从文章文本和文章的信息盒模板中提取信息。

---

① The Enterprise Ontology [EB/OL]. [2010-12-1]. http://www.aiai.ed.ac.uk/project/enterprise/enterprise/ontology.html.

表 3-3 本体库描述语言

名称	WordNet	DBpedia	Cyc	HowNet
描述语言	(Grinder)C	RDF	CycL	KDML

CycL 是 Cyc 系统的描述语言,CycL 是一种较好的本体表示语言。CycL 的学习与应用都较为便捷,普通用户可以通过学习较快掌握该语言的语法结构,而且 CycL 的背后有超大容量的 CYC 知识库,前台有良好的应用界面和推理引擎的支持,这使 CycL 具有优越的应用背景。OpenCyc 项目的目的就是要将 CycL 逐渐推广,为用户所接受。它的缺点在于本身不是 Web 上的推荐标准,难以作为所有网络资源的标引规范使用。

HowNet 的描述语言是知网知识系统语言,英文名称是 Knowledge Database Mark-up Language 即 KDML。这是一套崭新的知识描述规范体系,经过对中英文两种语言各 8 万多概念的描述,证明:①有很强的描述能力;②便于对意义的计算;③它直观、有较好的可读性。它包含:①词汇近 1500 个特征及动态角色;②标识符号和标点;③词序。①

2. 存储格式(见表 3-4)

WordNet 源文件用一种管理文本文件多重版本的 RCS(Unix Revision Control System)存档系统保存。使用这个存档系统的原因是:①允许 WordNet 词库不同版本的重建;②保持编纂者文件的所有变化历史;③防止相同文件制造的冲突变化;④确保最新版本的 WordNet 词库的产生。存档系统的程序是 Unix shell scripts,能够以一种控制在编纂者源文件和为编纂者提供一个用户友好型界面方式围绕着 RCS 的命令。

① HowNet Knowledge Database. KDML—知网知识系统描述语言[EB/OL]. [2010-9-1].http://www.keenage.com/html/e_index.html。

DBpedia 的存储格式是 RDF 三元组。目前,主要的 DBpedia 界面都是用 Virtuoso 和 MySQL 作为存储后台。

表 3-4　本体库的存储格式

名称	WordNet	DBpedia	Cyc	HowNet
存储格式	RCS	RDF 三元组	CFASL 和 HTML	概念及描述

Cyc 系统的核心是基于知识的 Cyc 推理程序,它包含两个文档——world 文档和 Cyc 可执行文档。world 文档是知识库知识的副本,已经被翻译成了压缩的、有效下载的二元组格式,称为 CFASL。Cyc 可执行文档包含为推理机和 Cyc 议程编辑的目标代码。推理机允许运行的 Cyc 图像从事实和规则中提取新的结论存储在知识库中。Cyc 议程提取知识库更新操作的流程。Cyc 可执行文档也包含以 JavaAPI 支撑为功能界面和网络接口连接的可编译编码,实施基于 CGI 的 Cye 网络浏览器用户界面的 HTML 产生程序。

HowNet 词典的记录样式,知识词典是知网系统的基础文件。在这个文件中每一个词语的概念及其描述形成一个记录。每一种语言的每一个记录都主要包含 4 项内容。其中每一项都由两部分组成,中间以"="分隔。每一个"="的左侧是数据的域名,右侧是数据的值。它们的排列:W_X= 词语;G_X= 词语词性;E_X= 词语例子;DEF= 概念定义。

3. 查询语言

WordNet 的用户界面有很多种形式。标准的界面是 X Windows 界面,能被移植到一些计算机平台,还应用了 Microsoft Windows 和 Macintosh 界面。Shell scripts 和一些其他程序用于写命令行界面。JAWS (Java API for WordNet Searching)提供了从 WordNet 数据集中检索数据的 Java 应用程序界面。

DBpedia 开发了一系列的界面和存取模块,通过 Web 服务器或者是链接到其他站点就能获得数据集。在 Web 上获取 DBpedia 关联数据集有三种方式:链接数据、SPARQL 协议和可下载的 RDF dumps,获得链接数据的网络代理包括:①语义 Web 浏览器如 Disco 和 Tabulator;②语义 Web 爬虫如 SWSE 和 Swoogle;③语义 Web 查询代理如 Semantic Web Client Library 和 SemWeb client for SWI prolog。

Cyc 研发了一系列从技术专家到初学者的用户界面。Cyc 浏览器包含大量的动态的 HTML 页面允许用户进行查询、浏览、编辑和为知识库添加内容。Cyc 系统提供两个应用程序接口(APL)层:SubL 和 Java。SubL APL 提供允许外部程序访问推理机和在知识库上运行的方法。Java APL 建立在 SubL APL 顶层,并对此进行了改进。

HowNet 的检索是以关系为主的检索,就是说无论从概念表、特征表还是直接从关系表入手,都必须通过检索关系表来达到目的。具体来说,就是通过两个关系表的扇入、扇出单头指针联系概念表和特征表,再通过概念表和特征表的扇入、扇出多头指针联系到更多更广的范围,直到相关联的特征、概念、关系都被检索过。

4. 构建平台

WordNet 系统包含四个部分:WordNet 词典编纂者的源文件、转换这些文件到 WordNet 词库的软件、WordNet 词库、一套使用此词库的软件工具。

WordNet 系统是在 Sun-4 智能终端的网络开发的。软件程序和工具是用 C 程序语言、Unix utilities 和 shell scripts 语言写成的。为了更新,WordNet 还被移植了以下计算机系统:Sun-3、DECstation、NeXT、IBM PC and PC clones、Macintosh。

Cyc 系统包括一个知识库、词典、推理机、用户界面、副本和副本服务器、分区、语义知识资源集成设备和应用程序接口(APIs)。基于知识的推理程序是 Cyc 系统的核心,它包含两个文档:world 文档和 Cyc 可执行文档。world 文档包含知识库知识的备份,这些备份转换成了简洁的有效的能被下载的二元组格式称之为 CFASL。Cyc 可执行文档包含为推理机和 Cyc 议程编码的可编译的目标、为功能界面和联系支撑 Java API 网络接口的可编译编码和实施基于 CGI 的 Cyc web 浏览器界面的 HTML 产生程序。Cyc 的程序核心是推理机,以一般的表处理机方言的 SubL 开发和应用的。

HowNet 系统包括下列数据文件和程序:中英双语知识辞典、知网管理工具和知网说明文件。

5. 应用领域

WordNet 的应用:图表网络、启发式、语义消歧、自动问答、语义抽取。JWord 是一个关于英语词汇词语关系和信息的 Java 浏览器, WordNet 是 JWord 目前使用的三个数据库之一。

DBpedia 的应用:①多面向浏览器,允许通过多面向浏览器探索维基百科全书,从关键字、URI 和标签入手为 DBpedia 数据挖掘提供了多种渠道。②用户应用,例如 DBpedia 手机,用从其他数据库中挖掘的 DBpedia 实体和信息提供电子地图指导;DBpedia 关系发现器,输入目标就能找到与它有联系的事物;DBpedia 导航,通过 DBpedia 数据进行导航。③URI 查找服务,通过 DBpedia URI 查找关键字,或者是从关键字、URI 和标签入手为 DBpedia 数据挖掘提供途径。④问答系统生成器,基于 DBpedia 和其他数据集通过拖放式可视化界面建立 SPARQL 问答系统,还可以建立自己的问答系统。⑤SPARQL 问答系统界面,使用 SPARQL 问答语言来查询 DBpedia。⑥浏览器增强功能,通过链接相应的 DBpedia 网页增强了 Wikipedia 的网页。

OpenCyc 的应用:本体在垂直范围内的快速发展,电子邮件优化、路径选择、摘要和作注释,专家系统,游戏开发等;通过扩展 OpenCyc 知识库的某一学科领域而构建领域本体,可以促进领域本体的快捷开发。利用 OpenCyc 可以解决很多实际的问题,可以用来作为多种类智力应用程序的基础。

HowNet 的应用:语义网络(本体注释、词库、命名实体识别)、语义消歧、汉语极性词词典、基于语意理解的垃圾邮件过滤处理、语义相似度计算、语义关系图的自动构建和多语种研究等。

（二）专业领域本体比较分析

由于不同的机构和组织、不同的地域开发自己领域的专业本体库所使用的构建思想和构建方式是不同，所以此处的比较分析主要是针对前面介绍的几个科研机构开发的本体库系统进行的，与其他具体机构开发的本体可能不一致。

1. 描述语言

TMO 的描述语言是 OWL。

UMLS Semantic Network 提供了两种格式：关系表格式和单元记录格式。关系表格式是 ASCII 关系格式，它有两个表、两个辅助表和两个簿记表。两个基本表中包含和单元记录文件里一样的信息，但是信息表示方法是不一样的。一个包含语义类型和关系的定义信息，另一个包含网络的结构信息。每一个语义类型和每一个关系都被一个四个字符的唯一标示符指定。辅助表是基本表的扩展，包含网络结构。它们给出了网络中表示的链接的继承集合，第一个表用唯一标示符的三元组格式表达，第二个表用名称的三元组表达。两个簿记表描述了关系文件和它们的字段。单元记录格式也是用 ASCII 表示的。单元记录文件中包含语义类型和关系的对立记录。每一个记录都用包含四个字符的唯一标示字段开始。每个记录的每个字段都是从新的一行开始，并且持续好几行。有些字段有选择项。

Enterprise Ontology 描述语言是正式的 Ontolingua 语言编码，用斯坦福大学知识系统实验室 KSL（Knowledge Systems Lab）的本体编辑工具就可以产生此编码。

GO 注释基因和基因产物的工具有 Blast2GO、GeneTools、Goanna、GOCat、GOMO 等。

2. 存储格式

TMO 数据以 RDF 形式进行存储。

UMLS Semantic Network 存储格式是用包含四个字符的唯一标示符记录语义网络的语义类型、关系和网络结构。

Enterprise Ontology 这种语言编码形成的本体被存放在 KSL 的本体库里。

GO 的存储格式分别是文本文件(Flat File,每天更新一次)、XML 文档(每月更新一次)和 MySQL 数据库文档(每月更新一次)。GO 数据库可以免费下载。

3. 查询语言

TMO 的查询语言是 SPARQL。

UMLS Semantic Network 查询语言是 MS-SQL、MySQL、Protégé 和 MS-Access 2000。

Enterprise Ontology 用 Ontolingua 和 KSL 服务器就可以查询浏览。

AmiGO 是由 GOC 开发了维护的,是 GO 的官方浏览器和搜索引擎,能够搜索和浏览本体和数据注释。AmiGO 还提供了一个搜索引擎 BLAST,能够搜索 GO 术语中注释了的基因序列和基因产物。AmiGO 获取 GO 的 MySQL 数据库信息。①

4. 构建平台

TMO 用 Protégé 4. 0. 2 工具构建。

OWL 版本的 UMLS Semantic Network 通过对源文件的语法解析用个性化的 OWL 构造器创建的。② 具体地解析源文件的语义类型和关

---

① Gene Ontology tools. The Gene Ontology [EB/OL]. [2010-12-1]. http://www.geneontology.org/GO.tools.shtml.

② The umls semantic network in owl. Temporal Knowledge Bases Group, Universitat Jaume I [EB/OL]. [2010-12-1]. http://krono.act.uji.es/people/Ernesto/UMLS_SN_OWL.

系的基本信息和网络的结构信息。

Enterprise Ontology 领域本体的本体编辑和管理工具有 Tucana、Protégé、OILed、SWOOP。分析工作类似于构建一个概念企业数据模型并且包括一些技巧如:形成好的抽象的能力、通过谈话从用户中提取信息、通过现存的文档和数据发现信息线索。

OBO-Edit 是由 GOC 开发和维护的开源资源,是一个独立的平台,用于查看和编辑 OBO 格式的本体,它是一个基于图表的工具,重点是为生物学家提供本体友好界面全局图表架构,能使 OBO-Edit 快速地产生相对简单类别的以关系为重点大的本体。①

5. 应用领域

TMO 是一个高级的、以患者为中心的本体,它架构了现存的开源领域本体,并为关联和集成全部转化机构以患者为中心的数据提供了框架。

UMLS 词表已成为词典标准在生物医学知识中被共享,并被应用于生物医学数据库的信息提取和集成、本体的语义集成等。

Enterprise Ontology 是与工商企业有关的术语和定义的集合。

GO 项目旨在定义出一套结构化的、定义精确的、通用受控词表,可用来描述任何有机生物体中基因和基因产物的作用。

笔者研究的是基于语义的文本自动分类的研究,针对本体集成,选取合适的本体库组织实验,对国内外四种本体库比较分析后可以得知:早期的本体研究工作是围绕词典、叙词表等资源展开的,面向的领域是机器翻译和初级的自然语言处理。WordNet 是围绕着西方经典辞书和其他语种与英文的双解词典展开的,知网的词义定义基础也得益于《现代汉语词典》。WordNet 可以被认为是一种现象,这种现象表现了各个词汇所表达的概念之间的语义关系,而这种语义关系可以通过

① Gene Ontology tools.The Gene Ontology[EB/OL].[2010-12-1].http://www.geneontology.org./GO.tools.shtml.

HowNet 中有关义原的关系得到解释。换一种说法，WordNet 中所描写的各种语义关系能够通过 HowNet 中的义原得到验证、推导。DBpedia 类似于一部百科全书，是一个十分丰富的多种类语料库，但与手工本体如：Open Cyc、WordNet 和 HowNet 相比，DBpedia 的不足之处是：没有形式化的结构，数据质量低并且数据相互不统一。在 Cyc 的发展过程中，终于走出了只能成为一部“百科全书”的局限。它具有完备的常识库和经过多年检验和修改才逐渐完善的概念/类的体系结构。系统中具有概念与概念间的关系、实例及公理等的本体必备元素。它具有自己的标示语言 CycL，利用形式化语言的描述，以断言的方式来定义概念和类，然后再不断添加到数据库中。它利用微理论来定义和区别不同概念出现的语境。这种机制有望 Cyc 知识库成为越学习越聪明系统，它对于问题的解决能力将会随着常识的增多呈几何级数增长，从而成为新一代专家系统的原型。

当今的本体研究要面向解决自然语言理解的难题，并解决多语种的问题。WordNet 和知网可以作为早期进行本体系统开发的雏形，DBpedia 是个大型的丰富的多种类语料库，Cyc 不仅具备完整的开发工具和标示语言，还具备大型的自主开发的知识库，成为开发领域本体的概念基础，是具有推理能力的最为完备的本体库系统。所以笔者最终选取 WordNet 作为实验的对象。

第三节　本体集成基本过程

国外研究本体集成问题时，在对本体集成概念名称界定方面，出现很多语义相似、词形不同的概念名称，如本体集成（Ontology Integration）、本体融合或本体合并（Ontology Merging）、本体调解、本体对齐（Ontology Alignment）等。笔者综合上述概念，并结合国内学者提出的本体集成概念，认为本体集成是指当某一本体任务（构建、维护或者应用)中需要用到多个本体,而这些本体由于构建者、出发点、应用领域和目的不同,而各具特色(也称为本体异质)。比如 WordNet 本体库专注于同义词集,DBpedia 本体库涵盖许多领域,包含很多实例,SUMO 本体库含有丰富的概念及其语义关系等,为了使这些异质本体能够交互,在这些本体的实体间建立映射,处理映射,以达到本体对齐(Ontology Alignent,即本体的连接)或者是本体合并(Ontology Merging,多个本体组合为一个一致的本体)的过程。①

在上述本体集成概念中,涉及本体集成过程中的四个相关概念即本体异质、本体映射、本体对齐和本体合并。其中本体异质是进行本体集成的原因,Paolo Bouquet 等人对本体异质(ontology heterogeneity)问题进行了详细分析,指出在分布式和开放式系统中,本体异质是不可避免的,并根据本体异质产生的原因将其划分为四个层次:表示层异质,术语层异质,概念层异质和语义层异质。② 本体映射是不同本体的实体之间语义关系的形式化表示,是实现不同本体之间共享和交流的基础性任务。Paolo Bouquet 等人提出四元组的本体映射表示模型:(e,$é$,n,R),其中 R 表示两个实体 e 和 $é$ 之间的语义关系,n 表示是映射的置信度。本体对齐和本体合并是本体集成的最终目标,本体对齐和本体合并的涵义虽相似,但并不相同,本体对齐是指根据本体实体之间的语义关系,在需要对齐的本体实体之间建立一个映射集合以达成本体之间的互操作,并不生成新的本体。③ 本体合并是指在原有本体的基础

---

① De Bruijn J,Ehrig M,Feier C,et a1.Ontology mediation,merging and aligning[C]. Davies J,Studer R,Warren P,eds.Semantic Web Technologies:Trends and Research in ontology-based Systems,Wiley,UK,2006.

② Bouquet P,Ehrig M,Euzenat J,et al(2005).Specification of a Common Framework for Charactering Alignment.

③ Euzenat J,Bach T L,Barrasa J,et a1.D2. 2. 3:State of the art on ontology alignment [EB/OL]. [2006 - 11 - 9]. http://starlab. vub. ac. be/research/projects/knowledgeweb/kweb-223.pdf.

之上根据应用的需要生成一个新的本体。

本体集成的基本过程如图 3-5 所示。主要分为以下七步:① 本体选择;② 本体预处理;③ 本体概念及其语境抽取;④ 语义相似度计算;⑤ 映射表示;⑥ 集成操作;⑦ 本体检测。

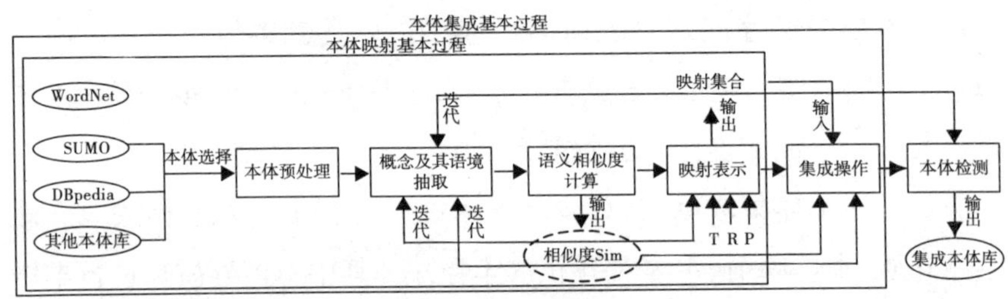

图 3-5　本体集成基本过程①

①本体选择。由于目前国内外本体比较多、质量不一、语义和内容丰富程度也不相同,因此在具体本体集成项目中,应该根据集成的需求、目的、程度和内容,利用科学的评价方法对相关本体进行选择。目前比较流行、权威和科学的评价方法是定性和定量相结合的综合评价方法如层次分析法②、模糊综合评价法③等对相关本体进行评价选择,不过,综合评价方法虽然科学合理,但过于复杂。笔者认为最便捷、快速有效的本体选择方法是用专家评价预测方法德尔菲法④对相关本体进行评价,计算各本体的综合得分,然后选择质量较高、语义和内容较丰富的本体进行集成。

②本体预处理。首先利用当前一些流行的本体编辑器工具如

① 参见卢胜军、李法勇、钱建军等:《WCONS+:一种基于 WCONS 的本体集成方法》,《现代图书情报技术》2009 年第 2 期。

② 参见叶军、王磊:《一种基于粗糙集和层次分析法的综合评价方法研究》,《计算机应用研究》2010 年第 7 期。

③ 参见廉正、张永庆、邵永恒等:《基于模糊综合评价法的高校专利综合实力评价》,《商业时代》2009 年第 3 期。

④ 参见林晓华:《运用德尔菲法建立高校文献招标评价体系的研究》,《图书与情报》2010 年第 2 期。

Protégé、OntoEdit 等①，选择一种本体描述语言如 OWL 将涉及的本体表述成统一的格式，然后对本体中的词汇进行标准化处理，也就是消除词汇在语义和表示形式上的差异。在这一阶可以采用一组启发式规则来减少候选映射对的数目以提高整合的效率。最后将预处理后的本体导入新构建的本体库 NontoLib 中，以便本体及其语境的抽取。

③概念及其语境抽取。设定一定规则，利用抽取算法从新构建的新体库 NontoLib 中抽取出相关本体的概念及其语境信息如概念实例、属性和关系结构，并加上本体库名称标识符，重新组合成一个含有本体库标识符、概念名称、实例、属性和结构等属性的本体数据库，以便本体概念语义相似度的计算。

④语义相似度计算。语义相似度的计算是本体映射的关键。利用国内学者提出的一种综合的语义相似度计算方法②分别计算概念的名称相似度、实例相似度、属性相似度和结构相似度，然后进行加权综合得到最终的概念语义相似度，并设定一定阈值 T，以区分相似概念和非相似概念，通常假定本体概念语义相似度大于 T，则相似；小于 T，不相似。

⑤映射表示。映射表示方法通常有两种：一是人工映射方法。该方法通常由映射分析专家如语言学、心理学、自然语言处理等领域的专家根据自己的专业知识分析确定概念之间的映射关系；二是自动映射方法。该方法主要依据概念语义相似度 Sim、表示阈值 T、概念关系 R、其他匹配参数 P 等相关参数，对相关本体中的相关概念及其之间的语义关系进行映射表示，映射的表示形式可以根据具体工程应用中对映射表示形式的要求进行定义。为了提供更准确的映射，可以在这一步

① 参见徐国虎：《本体构建工具的分析与比较》，《图书情报工作》2006 年第 1 期。

② 参见张忠平、田淑霞、刘洪强：《一种综合的本体相似度计算方法》，《计算机科学》2008 年第 12 期。

骤中进行人工干预。

⑥集成操作。依据已确定的本体概念间的映射关系,结合本体集成工具的功能,对本体概念执行添加、修改、删除、合并、声名新规则等类型的集成操作,最终实现本体的集成。

⑦本体检测。选择一种推理机如 Jena① 对本体进行一致性检验并借助领域知识对本体进行比较、验证和修改,同时邀请一些领域专家对本体进行评估,对本体的层次结构和概念间的关系进行校验。

通常来说,在步骤⑤、步骤⑥、步骤⑦与步骤③之间会存在一个反馈环,依据用户对部分映射关系的调整情况或本体检测时出现不一致的情况,迭代进行映射表示和集成操作,从而得到更好的、更完整一致的集成结果。

第四节　本体集成工具

通过网络调查、专家咨询和文献分析的方法选择目前国内外比较流行和威权的本体集成工具如 PROMPT、OntoMerge、GLUE 等进行介绍和对比分析,具体如下:

一、工具介绍

PROMPT 是美国斯坦福大学医药信息研究小组于 2000 年开发的可用于多本体管理、本体合并和交互的工具包,它可以作为 Protégé② 的插件,在 Protégé 本体编辑环境实现其功能。AnchorPROMPT、PROMPTDiff、IPROMPT 和 PROMPTFactor 是 PROMPT 工具中四个相互关联的组件:AnchorPROMPT 的主要功能是从本体结构图中发现映

① Jena-A Semantic Web Framework for Java [EB/OL].[2010-12-1].http://jena.sourceforge.net/.

② welcome to protégé[EB/OL].[2010-1-1].http://protege.stanford.edu/.

射;PROMPTDiff 主要从不同版本的本体中发现它们之间的区别;IPROMPT 主要实现基于交互式的本体合并功能;PROMPTFactor 能够从一个本体中抽取一部分。同时 PROMPT 能够识别诸如类、属性和关系等的合并操作及合并操作后所产生的命名冲突,从而实现本体的半自动化维护功能。

OntoMerge 是美国耶鲁大学在 2002 年研发的,可以通过本体合并实现本体翻译。OntoMerge 实现本体合并的基本流程是:首先基于名称空间对两个本体的公理进行合并,然后利用 OntoMerge 中的半自动化“桥公理(Bridging Axioms)”产生工具产生相应桥公理对两个本体中的术语进行连接。为了获得更准确的桥公理,在桥公理产生过程中,需要人类专家的参与。

GLUE 系统是美国华盛顿大学 AnHai Doan, Jayant Madhavan 等人于 2004 年研发的。其将本体视为一个概念层次结构,基于实例数据,使用机器学习技术和统计方法自动计算本体概念之间的相似度,实现本体映射。GLUE 实现本体对齐的基本流程是:首先利用基于机器学习的分类器来区分本体 O_1 中概念 A 的实例与本体 O_2 中概念 B 的实例是否相同;然后,基于概念 A 和概念 B 的实例集合,利用联合概率分布统计分析方法计算概念 A 和概念 B 的联合概率分布,基于概率生成一个相似度矩阵;最后基于相似度矩阵,使用启发式规则选择最有可能的一致关系对本体 O_1 和 O_2 进行对齐。

OntoMap 是德国卡尔斯鲁厄大学 AIFB 研究所在 2005 年研发的一款本体对齐工具,可以作为 OntoStudio① 的一个插件来使用。OntoStudio 是一款专业的本体开发工具,在 OntoStudio 中,OntoMap 的主要功能是进行本体映射的创建和管理。OntoMap 支持概念间映射、属性间映射、关系映射及属性与概念间的映射,主要采用可视化的方式

① OntoStudio[EB/OL].[2010-1-1].http://semanticweb.org/wiki/OntoStudio.

对映射进行语义表示，比如两个概念之间的映射用一条边进行连接，支持拖放操作和简单的属性一致性检验。

COMA++是由德国莱比锡大学在2005年所研究的一款模式和本体匹配工具，其功能丰富的用户界面为用户提供很多交互功能，用户可以通过很多方式对匹配过程进行干预和指导，并且能够合并不同的匹配算法对一些模式如数据库、表、XML格式信息等之间及不同的本体之间的语义对应关系进行识别和匹配，从而达到较高精度的匹配，实现服务互操作、数据集成及本体对齐等应用。主要由以下五个组件构成：外部存储库（Repository）、模式池（Schema Pool）、映射池（Mapping Pools）、匹配定制器（Match Customizer）和执行引擎（Execution Engine）。其中Repository主要用于存储匹配相关的数据；Model和Mapping Pools主要用于管理模式、本体和内存中的映射；Match Customizer主要用于配置匹配器和匹配策略；Execution Engine主要用于执行匹配操作。系统通过执行引擎（Execution Engine）进行本体的自动匹配，主要包括如下三步：① 元素识别（component identification），用于确定匹配相关的模式元素；② 匹配器执行（matcher execution），用于应用多个匹配器计算模式元素之间的相似度；③ 相似度合并（similarity combination），用于合并不同匹配器对应的相似度，并抽取模式元素之间的对应关系，以便映射执行过程中形成模式元素之间的映射关系。COMA++系统的体系结构如图3-6所示。

Falcon-AO是南京大学计算机科学与技术系万维网软件研究组瞿裕忠和胡伟等人开发的一个本体匹配系统，它的体系结构基本上与COMA++的体系结构类似，主要包括5个模块：本体模型池（Model Pool），用于解析输入到内存中的本体；匹配结果集（Alignment Set），用于产生本体匹配的结果并对匹配结果进行评估；匹配器库（Matcher Library），用于管理初始匹配器库、中央控制器（Central Controller），用于匹配策略的人工匹配、执行匹配器和合并相似度；外部存储数据库

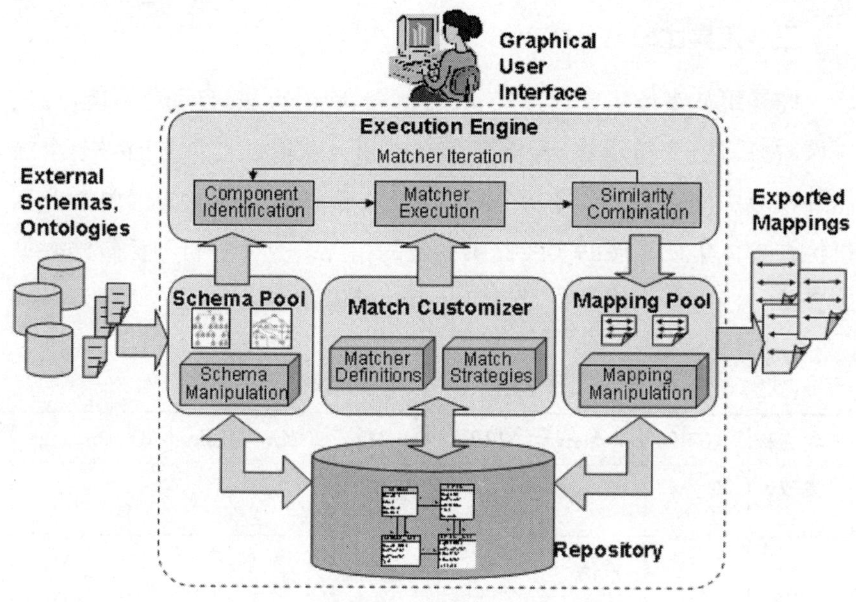

图 3-6 COMA++的体系结构

(Repository Stores),用于存储匹配过程中可重复使用的数据。系统通过中央控制器调用基于语言学的本体匹配算法(Linguistic Matching for Ontologies,LMO)和基于 RDF 二部图的结构相似度算法(Graphic Matching for Ontologies,GMO)两种匹配器、配置匹配策略来完成本体的自动匹配过程。Falcon-AO 进行本体匹配的基本过程:首先对要进行匹配的本体进行预处理,然后利用 PMB 分割技术将输入的大本体分割成规模较少的片段,最后利用 LMO 和 GMO 两种匹配算法分别计算本体片段之间的语言相似度和结构相似度,并合成最终的相似度,形成本体片段之间的映射关系。

OnMerge 是天津大学的魏哲雄等人在 2006 年研发的一款本体合并工具。其主要基于编辑距离计算概念与概念之间,属性与属性之间的相似度,形成本体合并的建议,并将合并建议以可视化的方式提供给该领域中的专家,以备他们根据合并建议对相关本体进行合并。

二、工具比较与分析

课题组从本体集成的方式、映射范围、映射方法、自动化程度、应用领域、易用性、支持语言、人机交互方式和可获取性九个方面对七个国内外权威本体集成工具进行分析与比较，希望能够借此为国内学者和机构在本体集成领域的实践提供一定的指导。具体分析与比较结果见表3-5。

表3-5 分析与比较结果

工具名称	PROMPT	OntoMerge	GLUE	OntoMap	COMA++	Falcon-AO	OnMerge
集成方式	对齐/合并	合并	对齐	合并	对齐	对齐	合并
映射范围	概念	术语/公理	概念	概念/属性/关系	本体片段/数据库/表	本体片段/数据库	概念/属性
映射方法	基于本体结构	基于名称空间	统计学/机器学习	语义匹配	集成匹配算法	各类匹配算法	基于编辑距离
自动化程度	半自动	半自动	自动	半自动	自动	自动	半自动
应用领域	本体集成	本体集成	本体集成	本体集成	服务互操作/数据集成	语义Web应用之间的互操作	本体集成
易用性	中	低	低	中	中	中	中
支持语言	不限	DAML	不限	OWL/F-Logic	XSD/OWL	RDF(S)/OWL	OWL
人机交互方式	GUI	自然语言	无	GUI	GUI	GUI	GUI
可获取性	易	易	难	易	易	易	难

从表3-5可以得出如下结论：

①集成方式。目前本体集成方式主要有对齐和合并两种，大部分集成工具只有一种集成方式。由于本体映射方法大部分不涉及语言层面，因此，国内学者在开发本体集成工具时，可以借鉴国外本体集成工具体系结构和源码的基础上，加入自己的算法或者直接对国外本体集成工具进行改进和汉化。

②映射范围。目前存在的本体集成工具总体映射范围比较广，小到本体概念、属性和公理等，大到本体片段，数据库、表等模式之间映射关系的建立，但具体到单个本体时，映射范围过窄，仅提供其中一种或几种模式之间的映射，并且模式之间的映射大部分是一对一，同类模式之间映射，很少有一对多、多对多、异构模式之间的映射。如本体集成工具 Falcon-AO 提供数据库模式与本体模式之间映射，即数据库中结构化的数据能够映射成语义丰富的本体，同时本体也能映射成数据库中的数据。

③映射方法。大部分本体集成工具提供的映射方法过于单一，不能更高程度地提高本体映射的召回率和准确率。因此在未来的研究中，有必要对各类映射方法进行融合，改进和提高，以便创造性能更优的算法，如 COMA++提供的集成匹配算法。

④自动化程度。由于本体集成的过程过于复杂，缺乏性能优越的算法，因此目前大部分本体集成工具仍然采用半自动化的集成方式，通过人工干预，提高集成的效果。因此未来集成算法研究过程中，要充分考虑算法的智能性，以减少人工干预，实现自动化本体集成。

⑤应用领域。目前本体集成工具的应用领域主要分两种：第一，为解决本体异质和单一本体过小，概念语义过于贫乏，而进行的本体集成；第二，为解决各类数据、信息、知识和服务等中存在的异构，无法进行通信，阻碍新一代语义 Web 的应用而进行的本体集成。第一种应用只是为了扩展本体或解决本体异构问题，单纯地对相关本体进行集成，

而第二种应用是利用统一的本体描述语言将存在异构、无法进行通信和互操作的数据、信息、知识和服务等表示成本体，然后利用本体集成技术，将这些本体进行匹配，从而实现异构数据源、信息源、知识源和服务之间的集成和互操作，推动语义 Web 应用领域的快速发展。

⑥易用性。由于本体集成的技术门槛及其对专业知识的要求比较高，加上目前本体集成工具的语义交互能力和智能性较低，因此大部分本体集成工具的易用性都在中低层。

⑦支持语言。本体集成工具支持的语言类型较多，不够标准化，笔者认为导致该问题的主要原因是目前本体描述语言过多，没有统一的标准。

⑧人机交互方式。为降低本体集成的操作难度，目前大部分本体集成工具支持图形用户界面（Graphic User Interface）。

⑨可获取性。所调查的 7 种本体集成工具中，除了 GLUE 和 OnMerge 在网上难以获取之外，其他几种都是开源的，网上有源代码和系统原型。

第五节　本体集成方法

目前，国内外比较流行的本体集成方法有基于形式概念分析（FCA）的本体集成方法、基于范畴论的本体集成方法、基于 WCONS 的本体集成方法、基于 RDFS 图闭包的本体集成方法。在这四种本体集成方法中，后两种采用的本体映射方法基本上一样，都是采用综合性相似度计算方法确定本体实体之间的映射关系，因此笔者仅选择其中一种进行论述。

一、基于形式概念分析（FCA）的本体集成方法

形式化概念分析（Formal Concept Analysis，FCA）由 Wille 于 1982

年首先提出,用于对象与属性之间联系以及概念泛化与例化关系的形式化描述,能够形成表达概念泛化与例化关系的概念格。它的数学表述是一个形式背景(Formal Context),由一个三元组 $FC=(G,M,I)$,其中 G、M 是非空有限集合,I 是 G 和 M 之间的二元关系。G 为对象集合,M 为属性集合。若 $(g,m)\in I$,则称对象 g 中有属性 m。基于形式概念分析的本体集成方法如图 3-7 所示。

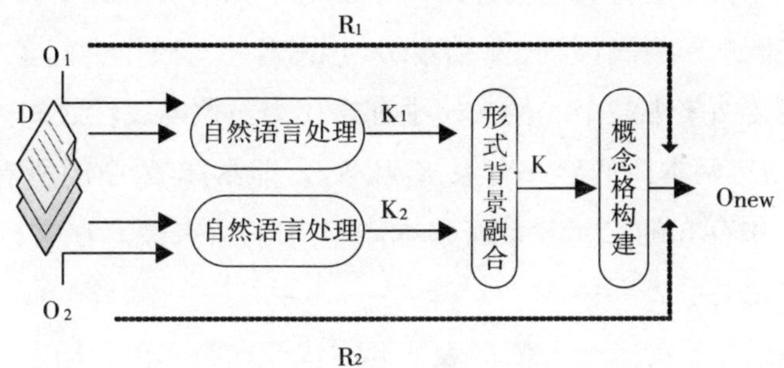

图 3-7 基于形式概念分析的本体集成方法

(一)形式概念分析的三个步骤

①形式背景的生成:一个形式背景可以用一个关系表来表示,行表示对象,列表示属性。

②概念格的构建:根据形成的形式背景,利用概念格构建算法将形式背景转换成概念格,即将形式背景中的属性转换成概念格中的概念节点。

③概念格的转换:将概念格的顶端节点作为根概念,底端节点删除,节点之间的关系转化为概念之间的语义关系,从而将概念格转换成层次清晰的本体概念语义图。基于形式概念分析(FCA)的本体集成方法(见图 3-7),分为实例文档集和本体的输入、形式背景的形成、形式背景的融合、概念格构建、目标本体的形成五个部分。

(二)方法实现的基本流程

①文档集和本体的输入。输入要集成的两本体 O_1、O_2 和覆盖两本

体中所有概念的实例文档集 D。需要注意的是，输入的实例文档集是从与本体涵盖领域密切相关，并且能够很好地将本体中的概念分隔开的 *WWW* 资源提供者中获取。

②形式背景的形成。首先利用自然语言处理方法，从两源本体中抽取相关概念，并判断其在实例文档集 D 中是否存在，如果不存在，需要手工添加；如果存在的话，需要判断相同文档中的相关概念是否相同，如果不同，需要将它们合并成一个概念。然后分别以本体 O_1 和 O_2 中的所有概念作为属性列，文档集 D 中的实例文档作为对象行，以概念是否在文档集中某个实例文档中存在作为对象与属性之间的二元关系，从而构建两本体的形式背景 K_1 和 K_2。即本体 O_1 中的所有概念在文档集 D 中存在的二元关系表和本体 O_2 中的所有概念在文档集 D 中存在的二元关系表。

③形式背景的融合。依据表征源本体概念与实例文档之间二元关系的形式背景 K_1 和 K_2，对两本体的形式背景进行融合即同一实例文档中的相同概念的去重、不同概念的合并，同一概念的不同实例文档之间的融合，形成统一的，能够表征两本体中共同概念、新增概念与实例文档之间二元关系的形式背景 K，$K=(D,C,R)$，其中，D 为文档对象集合，C 为概念集合。若 $(d,c)\in R$，则称文档对象 d 中有概念属性 c。

④概念格构建。根据形式背景 K，利用 TITANIC 算法①将形式背景 K 转换成概念格。

⑤目标本体的形成。在领域专家参与下，将概念格的顶端节点作为根概念，底端节点删除，并依据源本体中概念之间的语义关系，将节点之间的关系转化为概念之间的语义关系，从而将概念格转换成目标本体的概念语义图，实现本体之间的集成。

---

① G.Stumme, R.Taouil, Y.Bastide, N.Pasquier, L.Lakhal. Fast computation of concept lattices using data mining techniques. *Proc. KRDB*00, http://sunsite.informatik.rwth-aachen.de/Publications/CEURWS/, 129-139.

二、基于范畴论的本体集成方法

范畴是基于图的，一个范畴可以看成一个有向图，它包括一组对象（object）集合和一组态射（morphism）集合，对于对象集合中的每对对象 a 和 b，如果两者之间存在态射 $f{:}a \rightarrow b$ or $a \xrightarrow{f} b$，称 a 是 f 的论域（domain），b 为 f 的余论域（codomain），记作 $dom(f)=a, cod(f)=b$。一个范畴满足如下定律如图 3-8 所示，图中的节点表示对象，箭头表示态射，每个箭头有一个源节点和目标节点，分别表示论域和余论域①②：

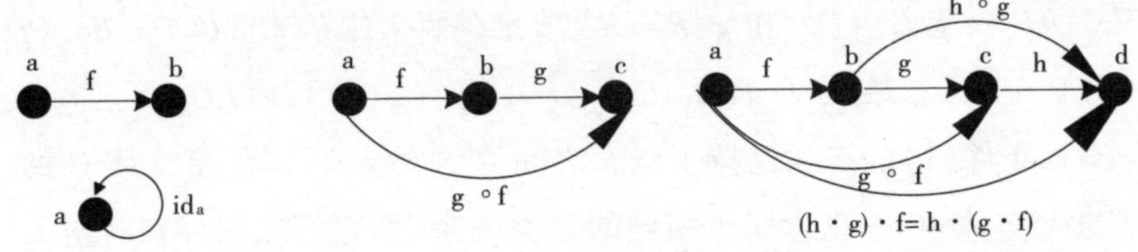

图 3-8　范畴的有向图表示

①复合运算律：若 a、b、c 属于对象集合，并且存在态射 $f{:}a \rightarrow b$ 和 $g{:}b \rightarrow c$，则存在唯一的复合态射：$g^{\circ}f{:}a \rightarrow c$，称为 f 与 g 的复合；

②结合律：若 a、b、c、d 属于对象集合，并且存在态射 $f{:}a \rightarrow b$，$g{:}b \rightarrow c$，$h{:}c \rightarrow d$，则有 $(f \cdot g) \cdot h = f \cdot (g \cdot h)$；

③单位态射：每一个对象 a，存在一个单位态射 $ID_a{:}a \rightarrow a$，使得对任意的态射 $f{:}a \rightarrow b$，有 $f \cdot ID_a = f$，$ID_b \cdot f = f$。

基于范畴论的本体集成方法就是将本体看作一种范畴，利用范畴

① Michael J.Healy, Richard D.Olinger, Robert J.Young etc.Applying category theory to improve the performance of a neural architecture [J]. Neurocomputing, 2009, 72 (13-15): 3158-3173.

② Barr M, Wells C. Category Theory for Computing Science [M]. [S. 1.]: Prentice Hall, 1990.

论中的“态射”实现本体映射，利用范畴论中的“外推”方法实现本体合并。① 本体映射指在2个本体的实体(概念或关系)之间发现语义对应关系的过程。本体合并建立在本体映射基础上，是将$n(n\geqslant 2)$个相关的本体统一合并成一个新的本体的过程。

①本体映射的实现。首先定义一个本体结构，目前流行的本体结构是四元组(C,R,Hc,rel)表示的本体结构，其中，C表示概念集合；R表示关系集合；Hc表示分类关系，是概念与概念之间的父类、子类等上下位的层次关系；rel表示连接关系，即除了上下位层次关系以外的其他关系。然后以本体结构为对象，定义本体映射的态射函数$(f,g):O\rightarrow O'$，其中，O和O'是本体结构，$O=(C,R,Hc,rel)$，$O'=(C',R',Hc',rel')$；$f:C\rightarrow C'$和$g:R\rightarrow R'$满足条件：① $if(C_1,C_2)\in Hc,(f(C1),f(C2)\in Hc'$；② $if(C_1,C_2)\in rel(R),(g(C_1),g((C_2))\in rel'(gR)$，条件(1)的态射保持了概念之间的层次结构，即如果本体O的概念与本体O'的概念属于相同的分类关系，则它们之间存在映射关系；条件(2)的态射保持了概念之间的关系，如果本体O的关系与本体O'的关系属于相同的连接关系，则它们之间存在映射关系。

②本体合并的实现。主要利用范畴论的外推性质实现本体的合并，具体如下：如图3-9所示，设有本体O_1，O_2和O，本体态射：$(f_1,g_1):O\rightarrow O_1$和$(f_2,g_2):O\rightarrow O_2$，其中$O=(C,R,Hc,re1)$是$O_l$和$O_2$的语义交集。首先将$O_l$和$O_2$的共同部分(即$O$)加入到新本体$O'$，形成$O_1$和$O_2$的外推本体$O'$。$O_1$和$O_2$与外推本体$O'$之间的本体态射：$(\mathrm{f}_1,\mathrm{g}_1)'$：$O_1\rightarrow O'$和$(f_2,g_2)':O_2\rightarrow O'$，态射满足条件：$(f_1,g_1)'\circ(f_1,g_1)=(f_2,g_2)'\circ(f_2,g_2)$。根据该条件，将$O_1$和$O_2$中的不同部分的概念及关系逐一添加到$O'$中，形成最终的外推本体$O'$，即$O_1$和$O_2$的合并本体。

---

① 杨先娣、何宁、吴黎兵：《基于范畴的本体集成描述》，《计算机工程》2009年第6期。

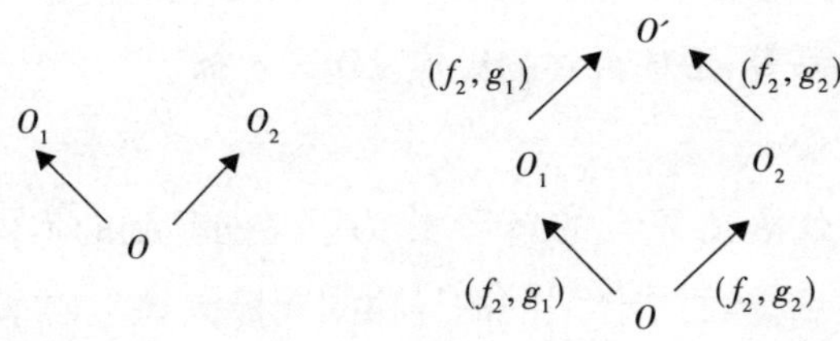

图 3-9 本体合并

三、基于 RDFS 图闭包的本体集成方法

RDF(Resource Description Framework)是一种描述 Web 资源及其之间关系的数据模型,不足的是该模型不能描述资源类及其之间的层次、继承的关系。RDFS(Resource Description Framework Schema)是对 RDF 的一种补充。RDFS 定义了类和性质,这些类和性质可以用来描述其他的类和性质,从而增强了 RDF 对资源的描述能力。并且 RDFS 提供了一些建模原语,用来定义一个描述类及其之间关系的简单模型,由资源(Resource)、属性(Property)和声明(Statement)三部分构成,其中,Statements 由资源及其属性、属性值构成。RDFS 本体可用一种有向图来表示,有向图的节点是资源及其属性,边表示资源与其属性之间的语义关系,有向边的箭头由资源指向它的属性。

基于 RDFS 图闭包的本体集成方法的基本过程:① 利用 Jena 中的 ARP(Another RDF Parser)工具将不同描述语言(如 OWL、XOL 等)的本体转换成易于推理和检索的 RDFS 三元组形式。②利用 RDFS 本体图闭包生成算法生成 RDFS 图闭包。RDFS 闭包中包含所有显示和隐含的声明,因此基于 RDFS 图闭包的本体集成,可以保留更多的领域知识。③ 生成图闭包后,利用综合相似度算法计算本体间实体的相似度。④ 在相似度计算的基础上,对源本体实体间的映射关系如类同义、类包含、关系等价、关系蕴含等进行推理,形成源本体的集成 RDFS

有向图。⑤ 对集成 RDFS 有向图进行剪枝，即删除源本体中没有用到的类、实例、关系等，形成最终的集成 RDFS 本体。

随着新一代语义 Web 的兴起，作为语义网基础的本体成为国内外学者研究的热点，然而本体之间的异构问题极大地阻碍了语义 Web 应用的深度和广度，本体集成是解决这一障碍的最有效的途径。因此，国内外学者对本体集成技术与方法进行深入而广泛的研究，除了传统人工确定本体映射关系进行本体集成和计算本体实体间相似度确定本体映射关系进行本体集成的方法之外，还出现了很多新的集成方法如形式概念分析法、范畴论法、RDFS 闭包图法等。

本章对本体集成的基本理论如本体集成的概念、基本过程、工具及方法等进行详细分析与综述，以便读者能够充分了解到本体集成的基本原理与方法，为基于本体集成的语义分类方法提供理论基础。

第 四 章

基于语义驱动文本自动分类研究

第一节　文档自动分类基本理论

一、文档自动分类基本概念

根据文档分类领域著名专家 F.Sebastiani 对文档自动分类概念的阐释，文档自动分类是在给定的分类体系下，根据训练的文档分类模型，将文档按其内容或属性特征自动归到一个或多个类别的过程。①从数学角度而言，分类的实质是一个映射的过程，它将未标明类别的文档映射到已有的类别体系中，该映射可以是一一映射，也可以是一对多映射。具体见表 4-1。

表 4-1　类别—文档矩阵

文档 / 类别	d_1	…	d_j	…	d_n
c_1	a_{11}	…	a_{1j}	…	a_{1n}
…	…	…	…	…	…
c_i	a_{i1}	…	a_{ij}	…	a_{in}

① Fabrizio Sebastiani.Text categorization[J].In Alessandro Zanasi(ed.),Text Mining and its Applications,WIT Press,Southampton,UK,2005:109-129.

续表

类别 \ 文档	d_1	…	d_j	…	d_n
…	…	…	…	…	…
c_m	a_{m1}	…	a_{mj}	…	a_{mn}

其中，C = { c_1 ,… , c_i ⋯ , cm} (i = 1,2, ⋯m)为预定义的类别集合，C = { d_1 ,… d_j , ⋯ , d_n } (j = 1,2⋯n)为待分类的文档集合。a_{ij} 的取值是根据待分类文档与类别所属文档样本的相关度确定的，取值范围在“0”和“1”之间，a_{ij} 的值越大，说明待分类文档与类别越相关。传统文档自动分类方法中，a_{mn} 的取值只有两个：“0”和“1”。“0”表示待分类文档 d_j 与类别 ci 不相关；“1”表示待分类文档 d_j 属于类别 c_i。如果 a_{ij} = 1 表示文档 d_j 属于类别 c_i；如果 a_{ij} = 0 表示文档 d_j 与类别 c_i 不相关。可以采用函数 f' : $D \times C\{01\}$ (称为分类器或模型)近似未知的目标函数 f:D × C → {0,1} (该函数描述文档应如何被分类)来对文档自动分类的原理进行更形式化的描述，为达到更好的分类效果，函数 f,f' 一致性应尽可能地好。

二、文档自动分类基本流程

文档自动分类的基本流程如图 4-1 所示，主要分为两个阶段：文档向量表示阶段和分类器的构建阶段。文档向量表示阶段主要对输入的训练集、测试集和测试文档进行预处理、特征选择等步骤提取能够充分表征文档内容的特征项，形成文档—词向量空间，从而将非结构化的文档表示为机器可理解的结构化数据；分类器的构建阶段主要利用基于统计和机器学习的文档自动分类算法如 KNN、SVM、神经网络算法、朴素贝叶斯算法等对第一阶段构建的文档词向量空间进行训练和测试，根据测试结果，对分类模型进行评估和改进，从而构建性能优越的

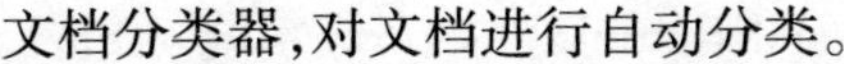
文档分类器,对文档进行自动分类。

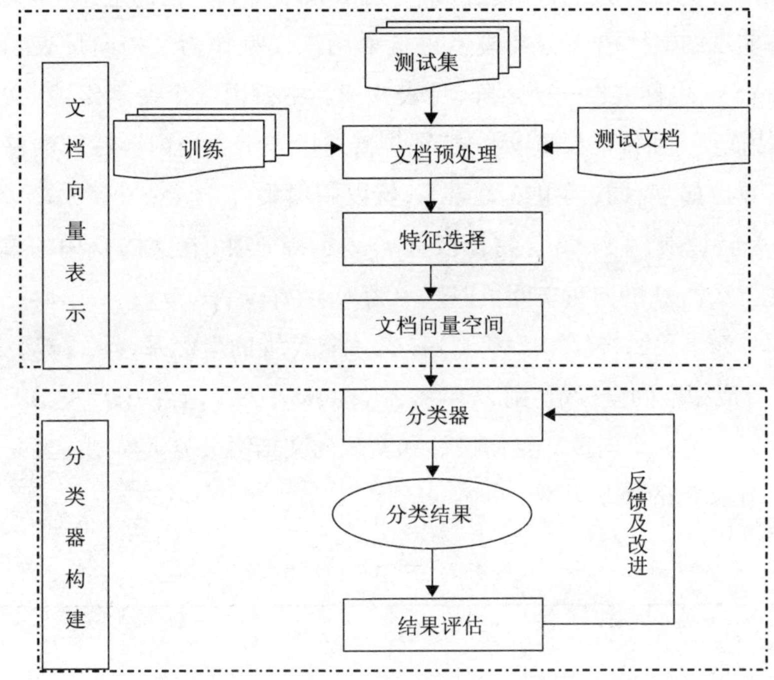

图 4-1　文档自动分类基本流程图

(一)文档自动分类第一阶段——文档向量表示

1.向量空间模型基本概念①

向量空间模型(Vector Space Model,简称 VSM)是构建分类器的基础环节,是目前最简洁有效的文档向量表示模型之一。该模型由 Salton 等人在 20 世纪 60 年代末提出的,并且成功应用于著名的

① 参见李景:《本体理论在文献检索系统中的应用研究》,博士学位论文,中国科学院文献情报中心,2005 年。

SMART(System for the Manipulation and Retrieval of Text)系统。此后,在文本分类、自动索引、信息检索等众多领域得到广泛的应用,本文设计与实现的文档语义分类模型也是采用该模型作为文档向量表示模型。VSM,也称文档—项矩阵,见表4-2。主要由三个要素组成:文档D_i、特征项t_j和特征权重w_{ij}。特征项t_j是指表示文档内容特征的基本语言单位如字、词、词组或短语等,可以用项集($t_1,t_2,\cdots,t_j,\cdots,t_n$),其中$t_j$是特征项,$1 \le j \le n$。特征权重$w_{ij}$表示特征项$t_j$在文档$D_i$中的重要程度。文档$D_i$的向量空间可以表示为$D_i=(t_1,w_{i1};t_2,w_{i2};\cdots;t_j,w_{ij};\cdots;t_n,w_{in})$如果我们将($t_1,t_2,\cdots,t_n$)看成一个N维的坐标系,($w_{i1},w_{i2},\cdots,w_{in}$)看成相应的坐标值,则$D_i=(t_1,w_{i1};t_2,w_{i2};\cdots;t_j,w_{ij};\cdots;t_n,w_{in})$是N维空间中的一个向量。我们设计和实现的文档语义分类模型主要采用VSM作文档的表示模型。

表4-2 文档—项矩阵

特征项 / 文档	t_1	…	t_j	…	t_n
d_1	w_{11}	…	w_{1j}	…	w_{1n}
…	…	…	…	…	…
d_i	w_{i1}	…	w_{ij}	…	w_{in}
…	…	…	…	…	…
d_m	w_{m1}	…	w_{mj}	…	w_{mn}

2. 文档向量表示的基本过程

文档向量表示的基本过程主要包括文本预处理、特征选择和权重计算。

(1)文档预处理

文档预处理的主要任务是剔除文档中包含的一些与分类任务无关的内容,如标签、图片等,并对文档进行分词、停用词过滤等处理,将其转化为文档特征词库。当然对于不同语言版本的文档,预处理过程和复杂程度是不同的。如对于英语文档,预处理过程除了分词,还需要去掉其中的停用词、长度较短的词,将单词的变化形式还原成它本身。而对于中文文档,由于中文词汇或句子是连续书写的,不像英文文档的单词那样有空格来区分,因此分词时,需要基于中文词典对文档进行中文分词,切分出词语作为特征项来表征文档,分词过程比英文文档分词要复杂得多。预处理完成后,文档成为特征项序列,形成文档的特征词库。

(2)特征选择

特征选择就是选择一种评估函数和一种评估算法,对特征词库中的每个特征词进行评估,并按评估值进行排序,然后从排序过的特征词库中选取出评估值位于所设阈值区间之内的特征项作为表征文档内容的最优特征子集。对预处理过的文档特征词库进行特征选择,主要是为了去除冗余特征,保留对文档类别区分贡献大的特征,从而降低文档特征向量维度,提高分类效果。目前,比较常用的特征选择方法有文档频率 DF(Document Frequency)方法、信息增益 IG(Information Gain)、互信息 MI(Mutual Information)、期望交叉熵 CE(Expected cross entropy)、χ^2 统计(CHI)等。它们的基本原理如下:

文档频率 DF(Document Frequency):

DF 是最简单的评估函数,是指在训练集中出现特征项 t 的文档数占总文档数的比值,即 DF(t)= 出现 t 的文档数/训练集的文档总数。通常 DF 值过低或过高的特征项应剔除,因为它们分别代表了“没有代表性”和“没有区分度”两种极端的情况。

信息增益 IG(Information Gain):

IG 是一种基于熵的评估方法,主要根据特征项的取值情况来划分学习样本空间,定义为特征项 t 为整个分类所能提供的信息量(不考虑任何特征的熵和考虑该特征后的熵的差值)。对于特征项 t 和文档类别 c,IG 根据 c 中出现和不出现 t 的文档频数,衡量 t 对于 c 的信息增益：

$$IG(t) = Entropy(S) - ExpectedEntropy(S_t)$$

$$= -\sum_{i=1}^{M} P(c_i)\log P(c_i) + P(t)\sum_{i=1}^{M} p(c_i|t)\log p(c_i|t) + P(\bar{t})\sum_{i=1}^{M} p(c_i|\bar{t})\log p(c_i|\bar{t}) \quad (4-1)$$

其中 M 为类别总数，$P(c_i)$表示 c_i 类文档在语料中出现的概率，$P(t)$表示语料中包含特征项 t 的文档的概率，$p(c_i|t)$表示文档包含项 t 时属于 c_i 类的条件概率，$P(\bar{t})$表示语料中不包含项 t 的文档的概率，$p(c_i|\bar{t})$表示文档不包含项 t 时属于 c_i 的条件概率。

期望交叉熵 CE(Expected cross entropy)：

期望交叉熵反映文本类别的概率分布和在出现特征项 t 的条件下文本类别的概率分布之间的距离，特征项 t 的交叉熵越大，对文本类别分布的影响也就越大。计算公式如下：

$$CE(t,c_i) = p(t)\sum_{i=1}^{M} p(c_i|t)\log\frac{p(c_i|t)}{p(c_i)} \quad (4-2)$$

其中各符号意义同信息增益。它与 *IG* 的不同之处在于忽略词未出现的情况。如果特征项和类别强相关，则 $p(c_i|t)$大，若 $p(c_i)$很小，则说明该特征对分类的影响大，此时相应的评估值就大，就有可能被选中作为特征值。期望交叉熵反映了文本类别的概率分布和出现了某种特定词的条件下文本类别的概率分布之间的距离。特征项的期望交叉熵越大，对文本类别分布的影响也就越大。

互信息 MI(Mutual Information)：

互信息可以度量特征项和类别的共现关系，特征项对于类别的互信息越大，它们之间的共现概率也越大。特征项 t 在某个类别 c_i 中出现的概率高，而在其他类别中出现的概率低，将获得较高的互信息。特征项 t 和文档类别 c_i 的互信息定义为：

$$MI(t) = \log\frac{P(t_{c_i})}{P(t) \times P(c_i)} \quad (4-3)$$

其中 $P(t_{ci})$ 表示语料中属于 c 且包含 t 的文档频数，$P(t)$ 表示语料中包含词条 t 的文档的概率，$P(c_i)$ 表示语料中 c_i 类文档出现的概率。若用 A 表示包含特征项 t 且属于 c_i 的文档频数，B 为包含 t 但是不属于 c_i 的文档频数，C 表示属于 c_i 但是不包含 t 的文档频数，N 表示文档总数，则可用下式来近似 t 与 c_i 之间的互信息：

$$\mathrm{MI}(t) = \log \frac{A \times N}{(A + C)(A + B)} \tag{4-4}$$

χ^2 统计（CHI）：

χ^2 统计用于度量特征项 t 和类别 c 之间的独立性。$\bar{t}$ 表示除 t 以外的其他特征项，$\bar{c}$ 表示除 c 以外的其他类别，那么特征项 t 和类别 c 的关系有以下四种情况：(t,c)，$(t,\bar{c})$，$(\bar{t},c)$，$(\bar{t},\bar{c})$，用 A，B，C，D 表示这四种情况的文档频数，总的文档数 N=A+B+C+D，χ^2 统计量的计算公式如下：

$$\chi^2(t) = \frac{N \times (AD - BC)^2}{(A + C) \times (B + D) \times (A + B) \times (C + D)} \tag{4-5}$$

该方法类似于互信息，特征项的 χ^2 统计值比较了词条对一个类别的贡献和对其余类别的贡献，以及词条和其他词条对分类的影响。当特征项 t 和类别 c 之间完全独立的时候，统计量为 0。统计量和互信息的差别在于它是归一化的统计量。

（3）权重计算

第三步的工作主要是选择一种合适的权重计算方法，计算特征项在文档中的权重，从而将文档表示成特征向量空间，即文档—项矩阵（见表 4-2）。目前，常用的权重计算方法有布尔加权法、词频加权法和 $TF \times IDF$ 加权法等。如果令 f_{ij} 为特征项 t_i 在文档 d_j 中出现的频率，N 为文档集中的文档总数，n_i 为在文档集中出现特征项 t_i 的文档数，则权重计算方法如下：

布尔加权法：$w_{ij}=\begin{cases}1 & f_{ij}>0\\0 & 其他\end{cases}$，表示当特征项 t_i 出现在文档 d_j 中时，特征项的权重为 1，否则为 0。

词频加权法：$w_{ij}=f_{ij}$，表示特征项的权重就是特征项在文档中出现的频率。

TF × IDF 加权法：$w_{ij}=f_{ij}\times\log\left(\frac{N}{n_i}\right)$，表示特征项的权重是特征项 t_i 在文档 d_j 中出现的频率与文档集中至少出现一次该特征项的文档数的倒数之积，它充分考虑了特征项在整个文档集中的出现频率。

（二）文本自动分类第二阶段——分类器的构建

分类算法是分类器构建的核心部分，分类器主要根据分类算法，比较文档特征向量与类别特征向量之间的相似度，把文档归到最相似的那个类别中目前常见的分类算法有：K 近邻算法（KNN）、朴素贝叶斯（Naïve Bayes）、支持向量机（Support vector Machine，SVM）、神经网络（Neural Network）方法等。下面对本书实验所用到的几种分类算法的基本思路、主要步骤及其优缺点进行详细分析：

1. KNN

KNN 分类算法对新文档分类时，主要根据训练文档集中与新文档距离最近或最相似的 k 篇文档所属的类别来判定新文档所属的类别。具体步骤如下：

Step 1：将训练文档和新文档表示成文档向量空间模型。

Step 2：利用公式（4-6）计算训练文档集中所有文档与新文档之间的相似度，从中选择相似度最高的 k 个文档。

$$Sim(d_i,d_j)=\frac{\sum_{k=1}^{M}W_{ik}\times W_{jk}}{\sqrt{(\sum_{k=1}^{M}W_{ik}^2)(\sum_{k=1}^{M}W_{jk}^2)}}\qquad(4-6)$$

其中,k 值的确定一般采用先定一个初始值,然后根据实验测试的结果不断调整 k 值。

Step 3:在新文档的 k 个相似文档中,依次计算每类别的权重,公式如下:

$$p(\bar{x},C_j)=\sum_{\vec{d}_i\in KNN} Sim(\bar{x},\overline{d_i})y(\overline{d_i},C_j) \tag{4-7}$$

其中,$\bar{x}$ 为新文档的特征向量, $Sim(\bar{x},\overline{d_i})$ 为相似度,而 $y(\overline{d_i},C_j)$ 为类别属性函数,即如果 $\overline{d_i}$ 属于类 C_j ,那么函数值为 1,否则为 0。

Step 4:比较类的权重,将新文档分到权重最大的那个类别中。

KNN 分类法具有很好的鲁棒性,简单易用,对于大规模数据非常有效。但是,它存在如下缺点:① 计算量巨大,要求计算未知文本与所有训练样本间的相似度进而得到 K 个最近邻样本;②在决定测试样本的类别时,把测试样本的 K 个最近邻等同对待,没有考虑这 K 个最近邻在所属类别中的重要程度。

2. Naïve Bayes

Naïve Bayes 分类算法主要通过计算文档属于类别的概率,即文档中每个特征项属于类别的概率的综合进行分类的,具体过程如下:

Step 1:计算特征项属于每个类别的概率向量 $(w_1,w_2,\ldots,w_k,\ldots,w_n)$ 其中,

$$w_k=P(W_k\mid C_j)=\frac{1+\sum_{i=1}^{|D|}N(W_k,d_i)}{|V|+\sum_{s=1}^{|V|}\sum_{i=1}^{|D|}N(W_s,d_i)} \tag{4-8}$$

Step 2:输入新文档 d_i时,利用公式(4-9)计算该文档属于类 C_j的概率。

$$P(C_j\mid d_i;\hat{\theta})=\frac{P(C_j\mid\hat{\theta})\prod_{k=1}^{n}P(W_k\mid C_j;\hat{\theta})^{N(W_k,d_i)}}{\sum_{r=1}^{|C|}P(C_r\mid\hat{\theta})\prod_{k=1}^{n}P(W_k\mid C_r;\hat{\theta})^{N(W_k,d_i)}} \tag{4-9}$$

其中，$P(C_j \mid \hat{\theta}) = \dfrac{C_j\text{类训练文档数}}{\text{总训练文档数}}$，$P(C_r \mid \hat{\theta})$ 为相似含义，$|C|$ 为类的总数，$N(W_k, d_i)$ 为 W_k 在 d_i 中的词频，n 为特征项总数。

Step 3：比较新文档属于所有类的概率，将文档分到概率最大的类别中。

Naïve Bayes 分类法的优点是简单有效、分类速度快，比较适用于联机或网络环境下文档分类的需求；缺点是其假定在给定分类变量的情况下所有特征项都是相互独立的，这在实际处理环境中是不现实的，因此分类效果不太理想。

3. SVM

支持向量机算法是以结构风险最小化原则为基础，通过构造分类超平面进行无序文本的分类。它的基本原理是：在给定的训练集上，作一个超平面的线性划分，从而将分类问题转化为寻找空间最优平面的问题，进而转化成二次规划问题。如果一个超平面能将训练集中的向量无错误地线性分割，并且距离超平面两侧最近的向量之间的距离最大（又称间隔（Margin）最大），则称该超平面为最优超平面（见图 4-2）。其中距离超平面最近的点称为支持向量（SV），是对决策面设计起作用的点（圈中的点）。超平面是对两类分类的划分，对于多类文档分

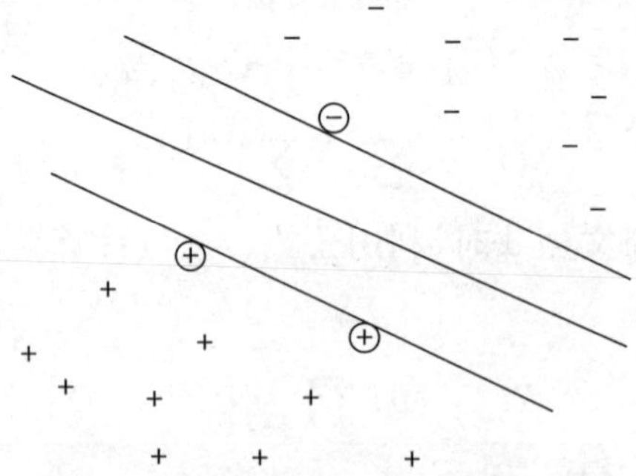

图 4-2　SVM 算法原理示意图

类,需要对每个类构造一个超平面,从而将这个类与其余类分开,通常有几个类就要构造几个超平面,测试时看哪个超平面最适合测试样本。

SVM 算法在进行分类时,对线性可分的数据,主要通过寻找使样本分开的最大间隔超平面;当样本线性不可分时,主要通过核函数的方法把输入样本映射到高维特征空间,在特征空间中寻找使样本线性分开的分类面。不同的核函数会把输入的样本映射到不同的特征空间,从而避免了在高维特征空间中直接计算分类面。

SVM 分类法具有很强的学习能力和较好的泛化性能,只需较少的样本就可以迅速训练出具有较高性能指标的分类器,在解决小样本、非线性及高维模式识别问题中表现出许多特有优势。不过,其对于大规模数据集,训练速度异常缓慢,并且需要占用很多内存。另外由于 SVM 本质上是一种二元分类器,在实现多类分类时,需要构造多个 SVM,如果类别数目较多时,分类器的训练和分类时间比较长。

三、文档自动分类性能评价指标

从本质上说,文档自动分类是一个映射过程,因此映射准确程度和映射速度是评估文档自动分类性能的标志。目前文档自动分类性能评价多是实验性的,主要根据实验结果进行评价。常用的文档自动分类性能评价指标有:

(1)查准率(Precision):$Precision = \frac{a}{a + b}$ (4-10)

(2)查全率(Recall):$\mathrm{Recall} = \frac{a}{a + c}$ (4-11)

(3)分类正确率(Accuracy):$\mathrm{Accuracy} = \frac{a + d}{a + b + c + d}$ (4-12)

其中,a —正确地分入该类的文档数目;b —错误地分入该类的文档数目;c —错误地划出该类的文档数目;d —正确地划出该类的文档数目。

(4)BEP(Breakeven point)和 F_β 函数

由于查全率和查准率并不是相互独立的,两者之间经常是互为消长的关系,若要获得比较高的查全率通常要牺牲查准率;同样,为了获得比较高的查准率通常要牺牲查全率。因而需要一种综合考虑查全率和查准率的方法来对分类器进行评价,常用的有 BEP 和 F_β 函数。

BEP 就是查全率和查准率取得相等值的点,为了便于计算,通常都采用查全率和查准率的算术平均值来代替 BEP 的值,即对于类别 c_i:

$$BEP = \frac{Recall + Precision}{2} \tag{4-13}$$

F_β 是另一个把查全率和查准率统一进行考虑的参数,是由 VanRijsbergen 在 1979 年首先提出使用的。① 定义为:

$$F_\beta = \frac{(\beta^2 + 1) * Recall * Precision}{\beta^2 * Precision + Recall} \tag{4-14}$$

其中,$0 \leq \beta \leq +\infty$是关于查全率和查准率的权重。当$\beta = 0$时,$F_\beta$就与查准率一致,而当$\beta = \infty$时,$F_\beta$就与查全率一致。$\beta$取值越小越强调查准率的重要性,而$\beta$取值越大越强调查全率的重要性。一般情况下,为平衡这两个指标,使它们的重要程度相同,取$\beta = 1$,得到最常用的 F_1。即对于类别 c_i:

$$F_1 = \frac{Precision * Recall * 2}{Precision + Recall} \tag{4-15}$$

(5)宏平均(Macro Averaging)与微平均(Micro Averaging)

宏平均是首先计算每个类别的评价度量,即 Recall,Precision,Accuracy,然后把所有类别进行平均;而微平均是首先算出全部类别的 a,

① Cycorp,Inc.About Cycorp [EB/OL].[2010-9-1].http://www.cyc.com/cyc/company/about.

b,c,d 之和,然后利用这些 a,b,c,d 的总和来计算 Recall,Precision,Accuracy。

微平均和宏平均有一个根本的不同——微平均给每个文件以相同的权重,而宏平均是给每个类别以相同的权重。因而宏平均和微平均可能得出不同的结果,特别是当文档集中类别的分布有较大不同的时候。例如,对于在训练文档集中文档数量比较少的类别,采用宏平均进行评估分类器的性能可能很好,如果用微平均,结果就可能不尽如人意。

第二节　基于语义驱动文档自动分类概念

目前,国内外虽然出现很多语义驱动的文档自动分类方法,但很少有学者或机构对语义驱动的文档自动分类的概念进行界定,因此我们从语义驱动的文档自动分类方法实现过程的角度给出语义驱动的文本自动分类方法的定义。语义驱动的文档自动分类就是在传统文档词向量空间的基础上,利用潜在语义分析法(Latent Semantic Index,LSI)、本体语义映射法、项聚类、概念格构建法等挖掘词间语义关系,将原文档词项之间相互独立的高维特征空间转换为低维的、语义丰富的语义特征空间或概念特征空间,然后选择一种分类算法如 KNN、SVM、Naïve Bayes、Neural Network 等训练分类器,将新文档自动归到预定义的类别中。

第三节　基于语义驱动文档自动分类实现基础

传统文档自动分类方法的实现基础如图 4-3 所示,由词向量空间+文本分类算法构成。

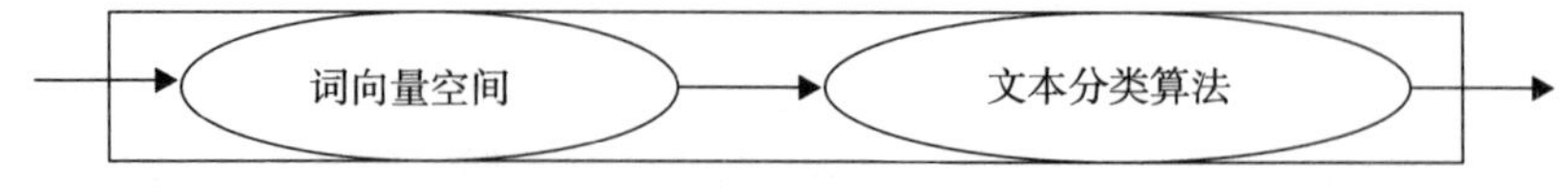

图 4-3　传统文档自动分类方法的实现基础

语义驱动的文本自动分类方法的实现基础与传统文本自动分类方法有所不同,主要采用概念向量空间或语义向量空间+文本分类算法组合。

目前,国内外比较流行的文本分类算法主要有 KNN(K 最邻近算法)、SVM(支持向量机算法)、神经网络算法、朴素贝叶斯算法、决策树算法和向量空间距离测度分类算法。国内外学者、研究机构对上述算法的研究较多,本书就不再细说,下面主要谈谈概念或语义向量空间与词向量空间的实现过程及其异同。词向量空间构建的基本过程是分词+特征选择。而概念或语义向量空间的构建方法是分词+特征重构。因此两者的相同点是分词阶段,不同点在于特征选择与特征重构的不同。特征选择是去除文档中信息量少的项以提高分类的效率,目前流行的特征选择方法有 TF×IDF 方法、主分量分析、互信息、信息增益和信息熵,其主要利用特征权重统计方法统计文档集中特征项的权重,然后设定阈值,选择特征权重大于等于阈值的特征项构建文档特征空间进行文本分类模型的训练。不过在特征选择过程中,由于没有考虑词间语义关系如同义关系、多义关系、上下位关系等造成特征空间维度较高,文本分类性能无法提高到一个更高水平。特征重构是将原有特征集 T 加以联系和转化以构建新特征集 T' 的过程,重要特征之间语义关系,降维效果好,分类性能高,能够有效解决传统特征选择方法存在的问题。课题组通过广泛阅读国内外相关文献,总结出如下几种出现频次比较高的特征重构方法:潜在语义分析法(Latent Semantic Index, LSI)、本体语义映射法、项聚类、概念格构建法和概念推理法。

第四节　基于语义驱动文档自动分类方法模型

本书将语义驱动的文本自动分类方法实现过程中涉及的概念或语义向量空间构建方法、文本分类算法进行整合，构建语义驱动的文本自动分类方法模型框架，具体如图 4-4 所示。模型共有三个部分组成：词向量空间、概念或语义向量空间和文本分类实验与评估。模型动作的基本流程：首先对训练文档集进行分词、特征权重，形成文档词向量空间，然后利用目前流行的语义处理方法如潜在语义分析法、本体语义映射法、项聚类、概念格构建法等对词向量空间进行语义处理，形成概念或语义向量空间进行文本分类模型的训练，最后对测试文档集进行相同处理，形成测试集的概念或语义向量空间，输入到训练好的文本自动分类模型进行分类实验和评估。

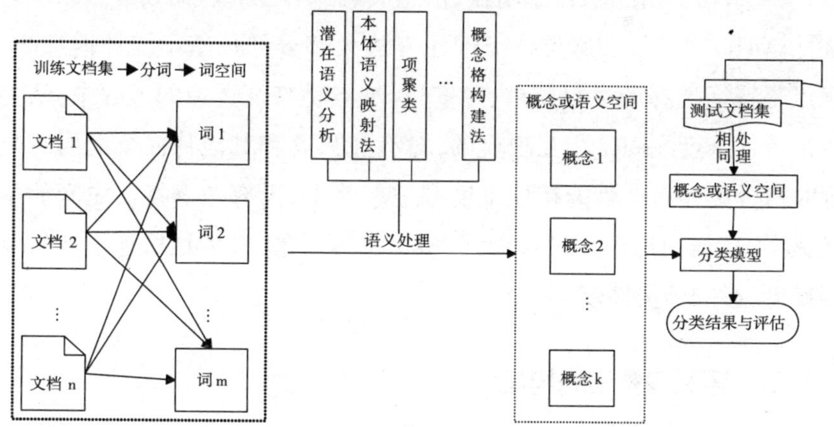

图 4-4　基于语义驱动的文本分类方法实现过程

一、词向量空间构建

词向量空间的构建模块主要有两个模块组成：预处理模块和特征

选择模块。

（一）预处理模块

主要利用中文分词工具如 ICTCLAS2009 或英文分词工具 RapidMiner4. 3 对实验文本集进行分词、停用词过滤、字符长度过滤、词根还原，然后选择对类别区分度较高的词汇如名词、动词、形容词等词性的实词作为表征文本内容的特征向量空间。该方法可以降低词向量空间的维度。

（二）特征选择模块

实现文本自动分类的一个难处理的问题是特征项空间的维数过高，维数过高一方面导致计算的代价过高，另一方面导致无法准确地提取文档的类别信息，造成分类效果不好。目前常用的特征选择方法有 TF×IDF 方法、互信息、信息增益、信息熵、文本证据权、词频方法以及χ^2统计（CHI）方法等。这类特征选择方法大部分都是基于统计信息的，优点是特征选择的过程简单、速度快，缺点是特征选择的过程中，认为各个特征维度之间是相互独立的，对有些只有和其他特征维度同时出现时对分类才有贡献的特征维度都被忽略了，没有考虑特征之间的语义关系，特征中出现大量同义词、多义词等现象，极大地增加了向量空间维度，影响分类性能。

二、语义向量空间构建

概念或语义向量空间的构建是在传统词向量空间的基础上，利用语义处理方法如潜在语义分析法、本体语义映射法、项聚类、概念格构建法等挖掘词项之间的语义关系，将原文档词项之间相互独立的高维向量空间转换为低维的、语义丰富的语义向量空间或概念向量空间，然后基于此进行文档的自动分类。概念向量空间与词向量空间模型的形式化表示类似，只不过将原来词向量空间的文档—项矩阵转换成低维的文档—概念矩阵。下面，我们仅对目前国内外学者研究最多、使用最普遍的语义或概念向量空间构建方法：潜在语义分析法和本体语义映射法的概念、原理、实现方法进行详细阐述。

（一）潜在语义分析法

潜在语义分析法（Latent Semantic Analysis，LSA）是目前发展较成熟，且应用较成功的语义向量空间构建模型，最初由 Scott Deerwester 等人在 1990 年发表的文章"Indexing by latent semantic analysis"①中提出，该篇文章的被引频次高达 5600 多次。潜在语义分析主要利用统计方法对文档集进行分析，从中提取出能够反映词间关系的潜在语义结构表示词和文档，形成词—文档矩阵，然后利用词—文档矩阵的奇异值分解（Singular Value Decomposition，SVD）技术将高维的向量空间模型（VSM）表示的文档映射到低维的潜在语义空间中。从技术角度上看，潜在语义分析也是采用向量空间表示文本，但是通过奇异值分解（Singular Value Decomposition，SVD）等处理后，在很大程度上消除了同义词、多义词的影响，提高了后续处理的精度。

图 4-5 表示一种三维潜在语义向量空间。该图以三维可视化的方式很直观形象地表达出词—文本、词—词、文本—文本之间的相似度，它们之间相似度主要通过它们在三维潜在语义空间中的位置来测量。如词 B 和词 C 是一组同义词、文档 D 和文档 E 的主题语义比较接近，因此它们在三维潜在语义空间中的距离比较近，而那些非相似的词如词 A 和词 B、C 在语义空间中的距离较远。潜在语义空间可以将原使用模式中有关词语具体使用的那些非主要的、无关紧要的信息都被

① Scott Deerwester.Susan T.Dumais，George W.Furnas etc.Indexing by latent semantic analysis [J].Journal of the American Society for Information Science，v 41，391，1990.

忽略掉，只关注该文档集的主要语义信息①，因此可以有效地解决同义词和多义词的问题。

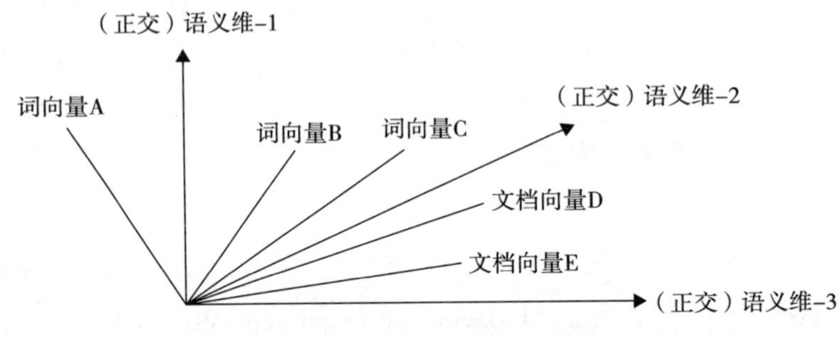

图 4-5　三维潜在语义向量空间

目前，LSA 的实现方法主要有 LSA/SVD 法②③、PLSA（Probabilistic LSA）④、Fast LSA 方法⑤等。本书主要介绍提出时间最早、目前使用最普遍且效果最好的潜在语义空间模型构造方法——LSA/SVD 法。

LSA/SVD 法的理论基础是矩阵的奇异值分解（SVD）⑥，奇异值分解是数理统计中的常用方法。潜在语义分析法构建语义向量空间的实现过程如图 4-6 所示。

首先对文档集进行预处理，构建文档—词矩阵，然后对文档—词矩

---

① 参见盖杰、王怡、武港山：《潜在语义分析理论及其应用》，《计算机应用研究》2004 年第 3 期。

② Scott Deerwester.Susan T.Dumais，George W.Furnas etc.Indexing by latent semantic analysis [J].Journal of the American Society for Information Science，v 41，391，1990.

③ M W Berry，S T Dumais，G W Brien.Using Linear Algebra for Intelligent Information Retrieval[J].SIAM Review，December 1995.

④ Thomas Hofmann.Probabilistic Latent Semantic[C].SIGIR'99，1999.

⑤ Mikko Kurimo，Chafic Mokbel. Latent Semantic Indexing by Self-Organizing Map [C].2000.

⑥ 参见 G.W.斯图尔特：《计算引论》，王国荣、黄丽萍译，上海科学技术出版社 1980 年版。

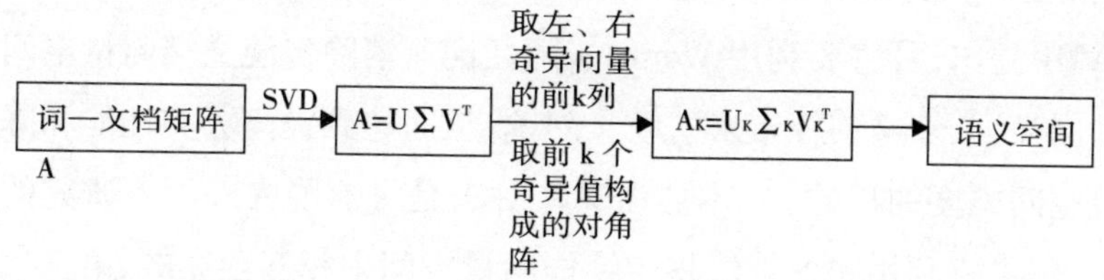

图 4-6 潜在语义分析法构建语义向量空间的过程

阵进行倒排索引,构建词—文档矩阵 A。在潜在语义分析法中,一个文档集可以表示成一个词—文档矩阵 $A_{m\times n}$,其中 m 为文档集中的词条个数,n 为文档集中的文档数,每个不同的词对应着矩阵 A 的一行,每个文档对应着矩阵 A 的一列。矩阵 A 建立以后就可以利用奇异值分解方法计算 A 的 K 维近似矩阵 A_K,其中,$K<<(m,n)$。通过奇异值分解后,矩阵 A 可以表示 3 个正交矩阵的乘积:$A= U\sum V^T$,其中,$U_{m\times r}=(u_1,u_2,\cdots,u_r)$为矩阵 A 的左奇异向量,$V_{n\times r}=(v_1,v_2,\cdots,v_r)$为矩阵 A 的右奇异向量,$\sum_{r\times r}=(\sigma_1,\sigma_2,\cdots,\sigma_r)$为对角矩阵,是矩阵 A 的所有奇异值,也是 AA^T的所有特征值,而且,$\sigma_1\geqq\sigma_2\geqq,\cdots,\geqq\sigma r\geqq 0$。将矩阵 A 的奇异值进行降序排列,取前 K 个奇异值构成对角矩阵 $\sum_K$,同时,取 U 和 V 的前 K 列得到 U_K和 V_K,从而,得到矩阵 A 的近似矩阵 A_K,$A_K=U_K\sum_K V_K{}^T$,其中 U_K和 V_K分别为词向量和文档向量,且两者都是正交向量。所有这些步骤完成之后,就形成了文档集的潜在语义向量空间。

LSA/SVD 通过奇异值分解和取 K 秩近似矩阵,使得词与词之间、词与文档之间和文档与文档之间的语义关系更加明晰,极大地克服了传统向量空间模型忽略词间语义关系,导致向量空间维度过高,分类性能较低的问题。

(二)本体语义映射法

本体语义映射法最初由罗马第二大学著名学者 Basili, Roberto 等人在 1997 年发表的文章“Contextual word sense tuning and disambiguation”中提出，其主要利用 WordNet 同义词典消除传统文档向量空间模型中同义词、多义词等带来的歧义问题，从而达到提高分类性能和降低向量空间维度的目的。① 本体语义映射法是目前国内外学者研究的热点领域，主要利用映射算法将传统词向量空间中相互独立的、语义代表性较差的特征词映射成本体中的概念，形成低维的、语义更丰富的文档概念向量空间，并利用本体丰富的概念语义关系和清晰的层次结构对文档概念向量空间进行概念消歧和维度约简。

本体语义映射法构建文档概念或语义向量空间的基本过程如图 4-7 所示，首先对文档集进行分词，形成特征词库，然后利用映射方法将特征词库中的词汇映射成领域本体中的概念，形成概念向量空间。映射方法是本体语义映射法的核心，目前国内外学者关于映射方法的研究文献比较少，还没有提出一种高效实用的映射方法。下面我们介绍一种基于特征词与本体概念或概念属性之间字符匹配的映射方法，具体过程如下②：

①对文档进行分词，表示成特征词集的形式：$d_i=(t_1,t_2,\cdots,t_k,\cdots,t_n)$，$t_k$表示文档 d_i中的第 k 个特征词；

②形成化领域本体中的概念属性：$c_j=(a_1,a_2,\cdots,a_r,\cdots,t_n)$，其中 a_r表示概念 c_j的第 r 个属性；

③将特征词集中的特征词 t_k与领域本体中的概念属性 a_r进行匹配，匹配方法的形式化表示见公式(4-16)。

$$f_{d_i,c_j}(t_k,a_r)=\begin{cases}1 & \mathrm{if} t_k = a_r \\ 0 & \mathrm{if} t_k \neq a_r\end{cases} \tag{4-16}$$

① Basili, Roberto; Della Rocca, Michelangelo; Pazienza, Maria Teresa. Contextual word sense tuning and disambiguation[J]. Applied Artificial Intelligence, 1997, 11(03): 235-26.

② 参见吴晓:《基于本体的文本分类研究》，硕士学位论文，贵州大学，2008 年。

④如果 $f_{d_i,c_j}(t_k,a_r)$ 的值为 1，即文档 d_i 中的特征 t_k 与本体概念 c_j 中的第 r 个属性相同，表示匹配成功，则我们用概念 c_j 替换特征项 t_k；

⑤如果 $f_{d_i,c_j}(t_k,a_r)$ 的值为 0，表示本体概念属性中没有与特征项 t_k 相同的属性，则将 t_k 作为未登录词处理。

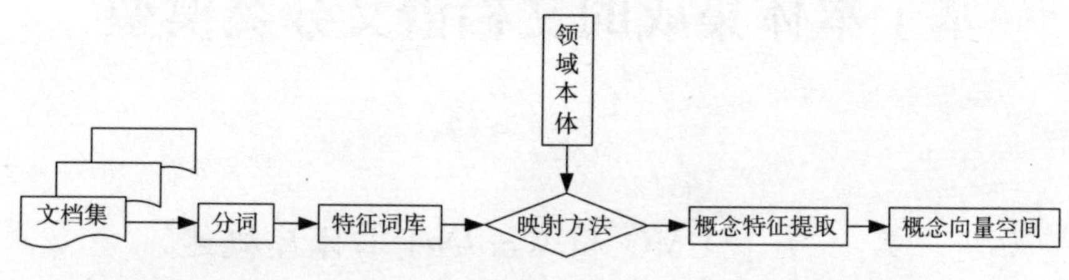

图 4-7　本体语义映射法构建文档概念向量空间的基本过程

该方法以概念属性为中介，将特征项匹配映射成本体概念，虽然在一定程度上能够解决文档特征词难以映射到本体概念的问题，但无论概念或概念属性，都属于本体概念范畴，都具有抽象性、普遍性和一般性，因此无法解决词与概念之间具体与抽象、特殊与普遍的矛盾导致词无法映射到本体概念的情形，且概念属性对词汇的覆盖率也是有限的，从本体中解析出概念及其属性也是一项复杂耗时的工程。

本章首先对传统文档自动分类的概念、过程、方法和性能评估指标等基本理论进行梳理，然后在此基础上，给出目前语义驱动的文档自动分类方法的概念和实现基础，勾勒出语义驱动的文档自动分类的方法模型、实现过程及方法的优缺点，以便为基于 WordNet 与 SUMO 本体集成的文档语义分类模型设计与实现打下坚实的理论基础。

第 五 章

基于本体集成的文档语义分类模型

第一节　SUMO 和 WordNet 本体库概述

一、WordNet 本体库

WordNet 是美国普林斯顿大学认知科学实验室心理学家乔治 A.米勒等学者在国家自然科学基金项目的支持下，为解决词汇之间缺乏语

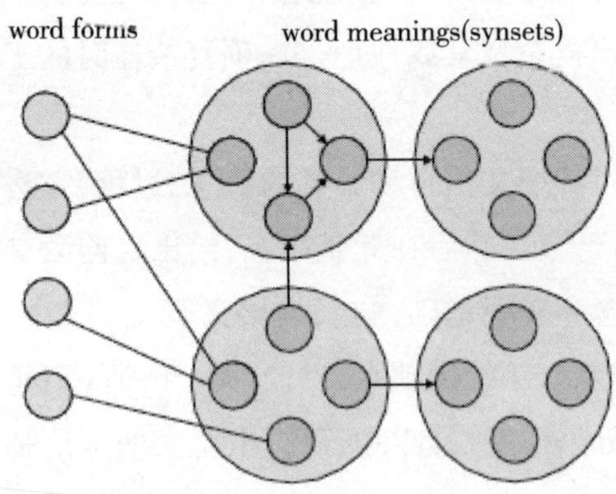

图 5-1　WordNet 的逻辑结构①

① Michal Sevcenko.Online Presentation of an Upper Ontology[EB/OL].[2010-3].http://www.ontologyportal.org/pubs/Sevcenko.pdf.

义关联，查找利用起来困难等问题，将具有相同意义的词汇组合成同义词集，根据同义词集之间的语义关系，利用语义网络将其组织起来的一部英文语义词典，它主要采用语义网络作为其词汇本体的基本表示形式，具体如图 5-1 所示。

图 5-1 中网络节点由词形（word forms）和词义（word meaning）标识，词义由表达他们语义的不同词形组成。词形与词义的关系是多对多的关系，一个词形可以有多个词义即多义关系（polysemous relation），一个词义也可以有多个词形即同义关系具体见表 5-1。

表 5-1　词形词义关系矩阵

词义（word meaning）	词形（word forms）		
	WF_1	WF_2	$WF_3 \cdots WF_n$
WM_1	$E_{1,1}$	$E_{1,2}$	
WM_2		$E_{2,2}$	
WM_3			$E_{3,3}$
·			·
·			·
·			·
WM_n			$E_{n,n}$

表 5-1 中，列表示 n 个词形，行表示 m 个词义，$E_{m,n}$ 表示第 n 个词形能够表达第 m 个词义。如果词形所在列有两个以上词义，则称该词形为多义词；如果两个以上词形在同一行中出现，则称这些词形为同义词。从表 5-1 中可以看出，WF_2 为多义词，WF_1 和 WF_2 是同义词。WordNet 中的同义集（Synsets）是由一系列表达相同意思的词条构成，如同义集{arrival，reaching}表示“到达”的意思。WordNet 同义词典的版本更新速度非常快，目前最新版本是 WordNet3.0，在该版本中有 82115 个名词（Noun）同义词集、13767 个动词（Verb）同义集、18156 个形容词（Adjective）同义词集、3621 个副词（Adverb）同义集，共计

117659 个同义集。①

二、SUMO 本体库

SUMO 本体库是 IEEE 标准上层知识本体工作小组为了发展标准的上层知识本体 SUO(Standard Upper Ontology)而设计的,是目前世界上最大的规范化公共本体库,版权归美国电气和电子工程师协会(IEEE)所有,用户可以免费下载和使用。SUMO 本体库由概念、关系和约束概念、关系语义的公理组成,具有丰富的概念语义关系和清晰的层次结构,可以用于检索、语言学和推理等方面的研究和应用。它的顶层概念体系如图 5-2 所示。实体(Entity)是本体的顶层通用概念,实体主要分为两类:物质的(Physical)和抽象的(Abstract)。物质的

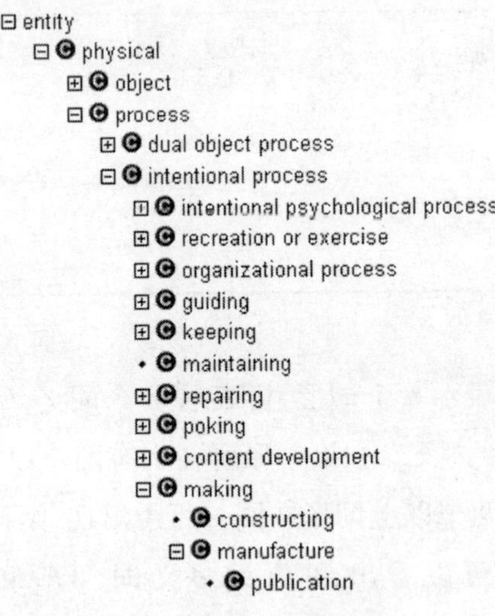

图 5-2 SUMO 本体顶层概念体系②

① Wnstats-WordNet 3.0 database statistics [EB/OL].[2010-5-3].http://wordnet.princeton.edu/wordnet/man/wnstats.7WN.html.

② Subclass Hierarchy Tree [EB/OL].[2010-4-28].http://virtual.cvut.cz/kifb/en/toc/229.html.

(Physical)实体在时间和空间中存在或发生过，如事件(Event)、过程(Process)、对象(Object)等。抽象的(Abstract)的实体在时间和空间中是不存在的,它们通常和一些物质实体相关联,如属性(Attributes)、功能(Functions)、关系(Relations)、数量(Numbers)等。

如图5-3所示:SUMO本体库具有如下特征①:第一,SUMO本体中的概念能够映射到WordNet中的所有同义词集;第二,具有很多语言版本,如英文、中文、德文等;第三,有支持SUMO本体浏览、编辑和推理的工具如Sigma Knowledge Engineering Environment;第四,目前为止,国际上最大的规范化本体库,拥有20000个概念和70000个公理,融合了所有领域本体,包括SUMO本身、Mid-Level本体和通信(communications)、国家与区域(countries and regions)、分布计算(distributed computing)、经济(economy)、财政(finance)、工程组件(engineering components)、地理(geography)、政府(government)、军事(Military)、人类(people)等20个领域的本体。同时在SUMO本体库还有大量来自DBPedia本体库中的实例内容和维基百科中数百万的事实(facts),开源的生物医学本体(Biomedical Ontologies)也能映射到SUMO本体;第五,富于公理化,不仅仅是一个分类表,所有术语都被规范化定义,如公理(subclass Person Animal)表示人类是动物类的子类、(and (instance KofiAnnan Human) (occupiesPosition KofiAnnan SecretaryGeneral UnitedNations))表示科菲·安南(KofiAnnan)是人类的一个实例,在联合国任秘书长一职;第六,可以转换成OWL语言描述的本体文档。SUMO本体采用的描述语言是标准上层本体知识交换格式(SUO-KIF, Standard Upper Ontology Knowledge Interchange Format)②,该语言主要

① Suggested Upper Merged Ontology(SUMO)[EB/OL].[2010-4-28].http://www.ontology-portal.org/.

② Standard Upper Ontology Knowledge Interchange Format [EB/OL].[2010-5-2].http://sigmakee.cvs.sourceforge.net/viewvc/sigmakee/sigma/suo-kif.pdf.

用于知识创造和交换,无须借助解释器就能够理解知识表达式的意思,同时在逻辑表达上非常丰富和全面,可以对任意逻辑性的句子进行语义表达,与其他借助解释器的描述语言如关系数据库语言(如 SQL)、逻辑程序语言(如 Prolog)等相比,能够很好地调节语言推理计算需求与表达丰富性之间的矛盾。该语言在自然语言语义表示、推理、检索等领域效率比较高,而在概念通用化及其层次权重计算方面不如 OWL 描述的语言效率高,主要因为 OWL 描述的语言比较通用,能够直接调用开源可视化程序包 GraphViz① 将其可视化为概念图,基于概念图对概念进行通用化和权重计算更容易被计算机自动处理;第七,概念语义关系丰富。SUMO 本体概念语义关系可以分为以下几组:时间关系(temporal relations)、空间关系(spatial relations)、格关系(case-relations)。Before、after、starts、finishes 等定义对象之间的时间关系。Agent、patient、

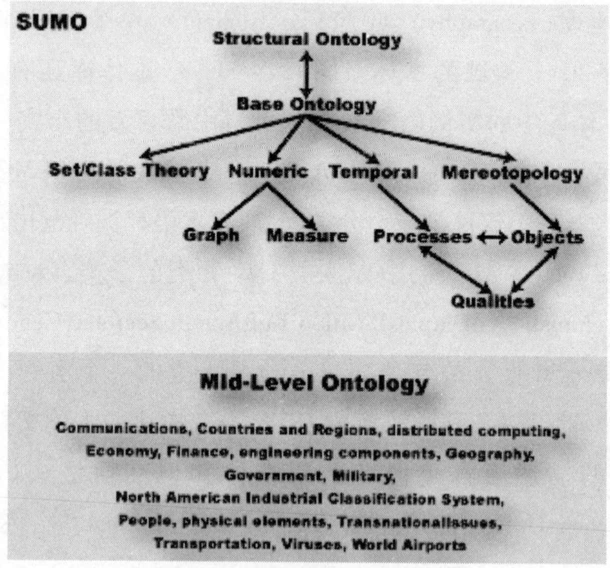

图 5-3　SUMO 本体库的构成结构图

① Graphviz-Graph Visualization Software [EB/OL]. [2010 - 5 - 2]. http://www.graphviz.org/.

destination、instrument 等表示实体间的空间关系。①

第二节　WordNet 与 SUMO 本体库映射机制研究

一、映射动机

本体及其应用是目前国内外学者研究的热点与难点，不过，大部分的研究还仅限于本体及其应用的理论、技术与方法、模型与框架的研究，目前为止还没有一个有效的、计算机能够自动处理的应用方案，主要因为在本体使用过程中，出现如下三个棘手的问题阻碍其在自然语言处理领域、人类社会领域的应用。②

①本体概念逻辑性强、语义丰富，对于缺乏逻辑推理和数学知识的人无法有效地使用一个规范化的本体，阻碍了本体在人类社会领域的应用。

②无法解决本体概念与自然语言词汇之间抽象性与具体性，普遍性与特殊性的矛盾。本体概念是从自然语言词汇中抽象出来的，是自然语言词汇的抽象性概括，具有普遍性。自然语言词汇是本体概念的具体化表示，具有特殊性。两者之间存在普遍性和特殊性的矛盾，使本体概念与自然语言词汇之间无法进行有效沟通和互操作，导致目前很多领域的研究如信息检索、文本分类、语义标注等无法很有效地从基于自然语言词汇的层次向基于概念的层次转变。

③我们在使用本体的过程中，无法有效地对本体的完整性进行检

---

① Translating UNL Expressions to Logical Expressions [EB/OL].[2010-5-3].http://www.ontologyportal.com/pubs/KumarThesis.pdf.

② Adam P, Ian N, and John L. The Suggested Upper Merged Ontology: A Large Ontology for the Semantic Web and its Applications [C].In: Working Notes of the AAAI-2002 Workshop on Ontologies and the Semantic Web, Edmonton, Canada, 2002:2002.

验。WordNet 同义词集与 SUMO 本体概念之间的映射能够解决上述问题。WordNet 同义词典是美国普林斯顿大学自然语言研究机构为了更有效地利用自然语言词汇，利用语义网络对这些词汇进行重新组织，将那些具有同义关系的词汇组合成同义词集，形成网络结点，将同义词集之间的关系如上下位关系、等价关系等用网络线条连接起来，形成分类清晰、层次分明的同义词集语义网络，其覆盖范围非常广，能够涵盖人类社会所有兴趣领域的词汇。其与 SUMO 本体概念三者之间的映射事实上就是对本体概念的一个自然语言标引，是本体中结构化的概念与自然语言词汇之间进行沟通和互操作的桥梁，同时也能对本体内容的完整性进行检验。

下面分别阐述 WordNet/SUMO 映射是如何解决上述三个问题的。

①对于缺乏逻辑推理和数学知识的人无法有效使用本体的问题，SUMO 本体研究机构已经利用 WordNet/SUMO 映射可以作为 SUMO 本体概念的自然语言索引的特性，设计一个使用 SUMO 本体概念的工具，该工具以 WordNet 同义词集为桥梁，使用户输入自然语言词汇就可以获取到 SUMO 本体中相关的概念。通过与其交互，用户能够看到与自己兴趣领域相关的所有 SUMO 本体概念，使他们更容易利用本体做知识工程和数据模型任务。该工具已经被集成进 SUMO browser 中，在"http://sigma.ontologyportal.org:4010/sigma/Browse.jsp? kb = SUMO"网站中可用。

②对于本体概念与自然语言词汇之间存在普遍性与特殊性的矛盾，导致本体概念与自然语言词汇无法有效沟通和互操作的问题，可以发挥 WordNet 同义词集的桥梁作用，把两者连通起来。WordNet 同义词典是由 25 个独立起始概念，与其他同义词集进行语义互联形成的语义网络。每个同义词集可以用一个概念表示，可以映射到 SUMO 本体概念。同义词集是由具有相同意义的自然语言词汇组成，包含绝大部分自然语言词汇。因此利用 WordNet/SUMO 映射可以很好地解决本

体概念与自然语言词汇之间的矛盾，极大地促进本体在众多领域的应用。如可以利用 WordNet 同义词集的桥梁作用，将每个 SUMO 本体概念分配到每个与它相关的自然语言词汇上，对自然语言文档进行概念标注，实现语义 Web 服务；还可以通过 WordNet/SUMO 映射，将文档——词向量空间映射成文本——概念向量空间，将目前许多应用领域如信息检索、文本分类、文本聚类、文档摘要等以词汇作为基本处理单元提升到以概念为基本处理单元的层次，实现文档的语义检索、语义分类、语义聚类和摘要。

③一个本体是否完整，主要看它在一个规范化的上下文语义环境中能不能表达任何人想去表达的任何事情。任何本体在开始的时候都不可能完整，SUMO 本体也不例外，我们在对 WordNet 同义词集与 SUMO 本体概念进行映射表示的过程，会发现 SUMO 本体中某些不完整的地方，并对其进行修复，从而使 SUMO 本体更加完整。如我们可能会碰到在 SUMO 本体概念中无法找到与 WordNet 某些同义词集意思相接近的概念的情况，这时，我们可以根据 WordNet 同义词集的意思在 SUMO 本体中重新安排一个概念；SUMO 本体中有些概念缺少定义和公理，此时我们可以把 WordNet 同义词集对应的定义和公理增加到 SUMO 本体中。

二、映射模型

由上述分析可知，SUMO 本体库是 IEEE 标准上层知识本体工作小组为了发展标准的上层知识本体 SUO（Standard Upper Ontology），促进数据共享性、信息检索、自动推理和自然语言处理的发展而设计的①，其专注于领域概念，基本上涵盖所有领域的概念实体及语义关系。

---

① Adam P, Ian N, and John L. The Suggested Upper Merged Ontology: A Large Ontology for the Semantic Web and its Applications [C]. In: Working Notes of the AAAI-2002 Workshop on Ontologies and the Semantic Web, Edmonton, Canada, 2002:2002.

WordNet 专注于同义词集，广泛应用于计算语言学、自然语言处理等领域。①

WordNet 和 SUMO 因开发者、应用目的不同而存在异构。不过它们都是对人类世界的概念化描述，只是描述的方式和层次不同。WordNet 的主要目的是将这些概念化描述映射成自然语言词汇，是对人类世界的具体描述，而 SUMO 的主要目的将他们组织成一个层次清晰的，语义丰富的逻辑结构，是对人类世界的抽象描述。在实际应用中，我们如果想使自然语言描述的世界与概念体系描述的抽象世界进行通信，就需要对 WordNet 与 SUMO 本体之间建立映射关系。据此，笔者建立了自然语言词汇、WordNet 同义词集和 SUMO 本体概念之间的映射模型，如图 5-4 所示。模型设计的基本流程有以下几个部分：

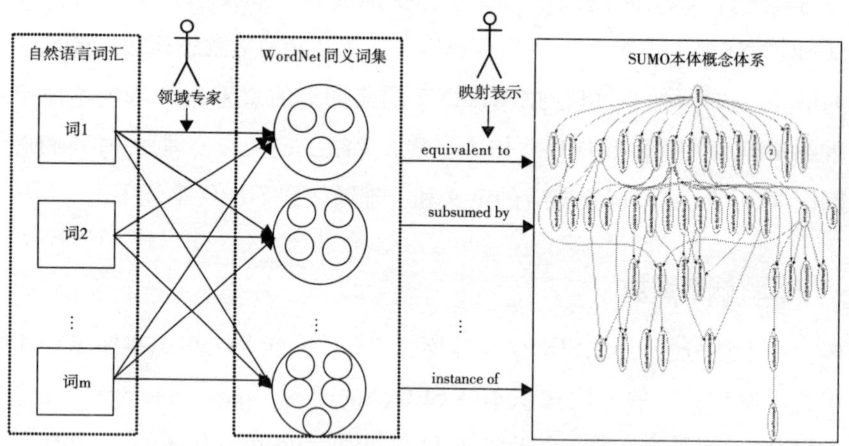

图 5-4　自然语言词汇、WordNet 同义词集和 SUMO 本体概念三者之间的映射模型

① George A M. WordNet: A Kexuak Database fir English [J] Communications of he ACM, 1995, 38(11): 39-41.

(一)映射专家的确定

映射工作既是一个技术活,也是一个智力活,需要语言学、心理学、自然语言处理等领域的专家参与,没有这些专家的参与,最后映射的质量和效果都会大打折扣。自然语言词汇到 WordNet 之间的映射是由美国普林斯顿大学认知科学实验室心理学家乔治 A.米勒(George A. Miller)领导的研究小组完成的。SUMO 本体库及其与 WordNet 之间的映射由著名的软件设计公司 Teknowledge 和 Articulate 设计和维护的,版权目前归 IEEE 拥有。

(二)自然语言词汇的选择

WordNet 同义词典的自然语言词汇主要来源于美国布朗大学(Brown University)的两位语言学家 Nelson Francis 和 Herry.Kucera 构建的 Brown 语料库,已有的一些词表如 Laurence Urdang (1978)的《同义反义小词典》、Urdang(1978)修订的《Rodale 同义词词典》、Robert Chapmand(1977)的第 4 版《罗杰斯同义词词林》、著名的 COMLEX 词典等。①

(三)自然语言词汇到 WordNet 同义词集的映射

首先领域专家对自然语言词汇进行分类,主要分为如下四大类:名词、动词、形容词和副词,然后从各类词汇集合中抽取具有同义关系的词组合成同义词集,并确定同义词集之间的关系如上下位关系、部分整体关系、同义反义关系等,每个同义词集合表示一个独立的概念,最后将同义词集作为网络结点,同义词集之间的关系作为结点之间的关系链条,形成 WordNet 同义词集语义链图(见图 5-5)。图 5-5 中每一个

① 詹卫东. WordNet 简介[EB/OL].[2010-5-10]. http://ccl.pku.edu.cn/doubtfire/course/computational% 20linguistics/contents/Intr2WordNet _ zwd20030630.pdf.

框代表一个同义词集合，框内的序号为该集合在 WordNet 中的索引号，索引号通常为 8 位，为表示方便，图中省略了数字前面的“0”，箭头指示同义词集合之间的上下位关系。

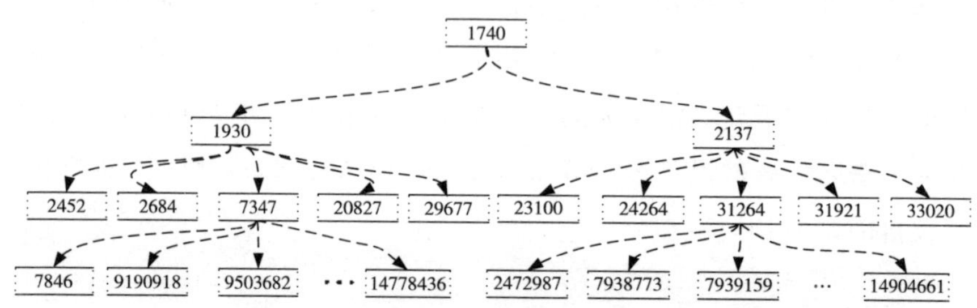

图 5-5　WordNet3.0 版名词同义词的顶层同义词集语义链图①

从图 5-5 可以看出，WordNet 3.0 版名词同义词集语义链图与以前版本如 1.5、1.6、1.7、2.0、2.1 等有所不同。以前版本名词同义词集语义链图有 25 个独立起始同义词集，分别语义互联其他同义词集构成。而目前 3.0 版 WordNet 同义集仅有一个独立起始同义词集，并且该同义词集与 SUMO 本体概念体系的根概念相同，图 5-5 所示的顶层同义词集语义链图也与 SUMO 本体顶层概念体系有相似之外。因此笔者认为，WordNet 3.0 版如此做的原因是想消除 WordNet 与 SUMO 本体之间的差异，更好地实现两者之间的映射。

（四）WordNet 同义词集到 SUMO 本体概念之间的映射

首先由映射专家分析 WordNet 同义词集与 SUMO 本体概念各自代表的含义，确定两者之间的映射关系。WordNet 同义词与 SUMO 本体概念的映射关系主要有以下三种：等价关系（equivalent to）、包含关系（subsumed by）和实例关系（instance of）。然后确定映射关系的表示符

① 数据来源：http://sigmakee.cvs.sourceforge.net/viewvc/sigmakee/KBs/WordNetMappings/WordNetMappings30-noun.txt。

号。在 WordNet 与 SUMO 的映射过程中，映射专家用“&%”标识 SUMO 本体概念；“=”标识 WordNet 同义词集与 SUMO 本体概念之间的等价关系即两者在意思上相同；“+”标识两者之间的包含关系，即 WordNet 同义词集被 SUMO 本体概念所包含；“@”表示两者之间的实例关系，即 WordNet 同义词集是 SUMO 本体概念的一个成员。最后确定 WordNet 同义词集与 SUMO 本体概念之间的映射表示语言格式。两者之间的映射语言格式基本上在保留 WordNet 同义词集描述语言格式的基础上，加上所映射的 SUMO 本体概念标识及其与 WordNet 同义词集之间的关系标识。WordNet 同义词集及其与 SUMO 本体概念映射的语言格式将在下一节映射实例中进行详细阐述。

三、映射实例

（一）WordNet 同义词集实例分析

WordNet 同义词集包括名词、动词、形容词和副词同义词集。由于四种同义词集表示方式类似，因此本文仅对名词同义词集进行详述。WordNet 3.0 版名词同义词集中只有一个独立起始概念即同义词集 {entity}，此前版本有 25 个独立起始概念。独立起始概念就是语义领域所有概念或同义词集的一个原始语义元素，抽象层次最高，具有独立意义，没有上位同义词集。WordNet 同义词集语义链图以独立起始概念开始，通过下位关系（hyponymy）连接其他同义词集，其他同义词集之间通过上下位关系（hypernymy-hyponymy）进行语义互联而形成的。图 5-6 是 WordNet 3.0 版名词同义词集语义链图的一个实例。

图 5-6 中小三角形代表的是词“basketball”，每个小圆圈代表 WordNet 中的一个同义词集合，圆圈旁边的注释为同义词集合的内容及其 ID 号。小圆圈之间用带箭头的线连接，表示小圆圈所代表的同义词集通过上位/下位关系联系起来，从而构成同义词集语义链。该同义词集语义链的首端对应的是 WordNet3.0 中的独立起始概念：{entity}，

末端对应的是词“basketball”的两个义项，即图中所示同义词集 ID 号为“480993”和“2802426”的两个同义词集合。

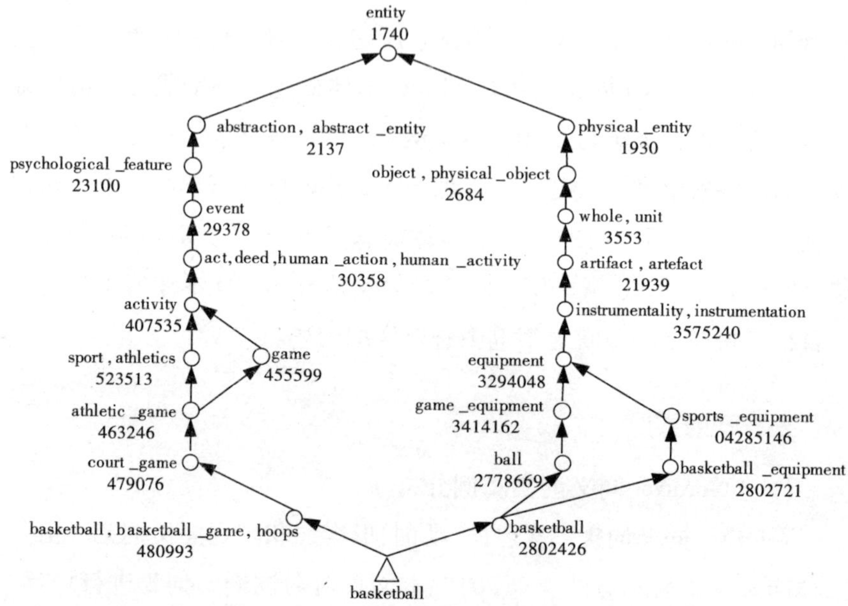

图 5-6　WordNet3.0 版同义词集语义链图的一个实例①

关于同义词集语义链，目前没有一个明确的定义。清华大学软件学院宋韶旭、张剑、李春平将同义词集看成概念，提出概念链的定义，即概念链是一个结构：$\zeta := (C, <)$，结构中 ζ 表示概念链，C 表示组成概念链的概念集，C 中的元素是不同的概念，“<”表示概念之间的上下位关系。② 作者根据宋韶旭等作者提出的定义，笔者对同义词集语义链的定义进行修正，即同义词集语义链是由独立起始同义词集利用下位关

① 数据来源：http://sigmakee.cvs.sourceforge.net/viewvc/sigmakee/KBs/WordNetMappings/WordNetMappings30-noun.txt。

② Song S X, Zhang J, and Li C P. Concept Chain Based Text Clustering [C]. In: Proceedings of 2005 International Conference on Computational Intelligence and Security (CIS 2005). LNAI3801. Berlin: Springer-Verlag, 2005: 713-720.

系链接其他同义词集,其他同义词集之间利用上下位关系进行链接形成的。语言符号表示为:ζ:=((S,<)<ubs),其中 ubs 表示 wordnet 同义词集合中的一个独立起始概念,S 代表的是同义词集合,<表示同义词集之间的上位/下位关系。也就是说同义词集语义链 ζ 是以一个独立起始同义词集 ubs 为链首,通过下位关系与同义词集合 S 进行连接,同义词集合 S 中的同义词集之间通过上位/下位关系连接而成。

图 5-6 中的两条语义链:“480993 < 479076 < 463246 < 523513^455599 < 407535 < 30358 < 29378 < 23100 < 2137 < 1740” 和 “2802426<2778669^2802721<3414162^4285146<3294048<3575240<21939<3553<2684<1930<1740”。两条语义链都是以同义词集 1740:{entity} 为独立起始概念,通过上位/下位关系与其他同义词集进行语义互联,语义链中“523513^455599”表示一个同义词集同时有两个上位集时出现的分支,“479076”和“2778669^2802721”是两个末端同义词集“480993”和“2802426”的上位集。下面笔者就同义词集“2137:{abstraction, abstract_entity}”的描述语言分析下同义词集的语言组织格式。具体分析如图 5-7 所示。

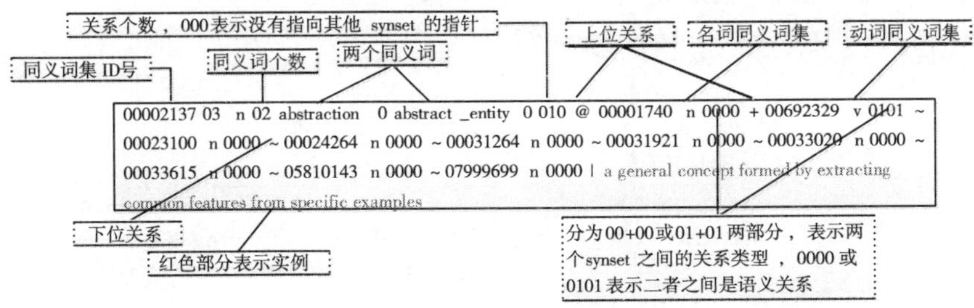

图 5-7　WordNet3.0 版同义词集语言组织格式的一个实例分析①

① 数据来源:http://sigmakee.cvs.sourceforge.net/viewvc/sigmakee/KBs/WordNet-Mappings/WordNetMappings30-noun.txt。

（二）WordNet 同义词集与 SUMO 本体概念间映射的实例分析

WordNet 同义词典与 SUMO 本体虽然因开发者不同、应用目的不同而存在异构，但两者之间具有映射关系，即 SUMO 本体中的所有概念能够映射到 WordNet 本体中的同义词集，WordNet 本体中的同义集也能映射到 SUMO 本体中的概念。目前两者之间的映射关系主要有三种：等价关系、包含关系和实例关系。本书通过构建 WordNet 同义词集语义链与 SUMO 本体概念体系映射的一个实例图对 WordNet 同义词集与 SUMO 本体概念之间的映射关系、映射语言格式进行分析研究。

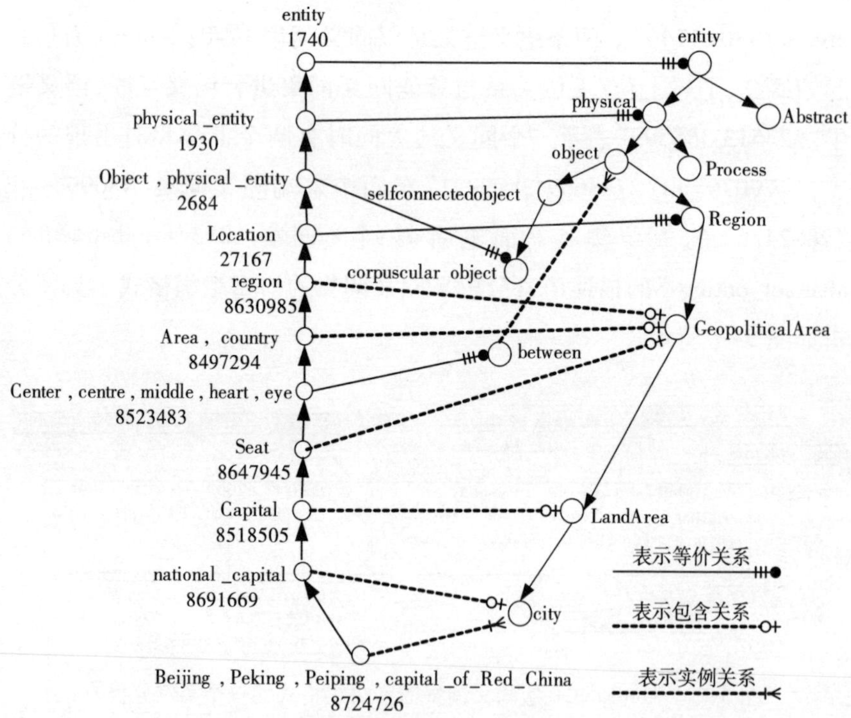

图 5-8　WordNet 同义词集与 SUMO 本体概念之间的映射实例①

① 数据来源：http://sigmakee.cvs.sourceforge.net/viewvc/sigmakee/KBs/WordNet-Mappings/WordNetMappings30-noun.txt。

WordNet 同义词集语义链与 SUMO 本体概念体系之间映射的实例如图 5-8 所示。图 5-8 共有三部分组成:左边的 WordNet 同义集语义链、右边的 SUMO 本体概念体系和中间的映射部分。WordNet 同义词集语义链上文已有介绍,在此不再细说。SUMO 本体概念体系是以"entity"为根概念,概念之间通过子类关系(subclass of)、超类关系(superclass of)、等价关系(equivalent of)、实例关系(instance of)等进行互联形成的。如图 5-8 中的概念"between"是概念"object"的一个实例,概念"physical"是概念"entity"的子类,反过来,"entity"是"physical"的超类。映射部分主要通过三种映射关系将 WordNet 同义词集语义链中的同义词集映射到 SUMO 本体概念体系中的概念。下面就这三种映射关系的实例对两者之间映射关系、映射语言格式进行分析。

1. 等价关系

00001930 03 n 01 physical_entity 0 007 @ 00001740 n 0000 ~ 00002452 n 0000 ~ 00002684 n 0000 ~ 00007347 n 0000 ~ 00020827 n 0000 ~ 00029677 n 0000 ~ 14580597 n 0000 | an entity that has physical existence &%Physical=

记录共分为两部分,分隔符分别为"&%"。"&%"前面的部分为 WordNet 同义词集,后面的部分为 WordNet 同义词集所映射的 SUMO 本体概念,"="表示 WordNet 同义词集{physical_entity}与 SUMO 本体概念"physical"的映射关系是等价关系。

2.包含关系

08518505 15 n 01 capital 0 010 @ 08647945 n 0000 ~i 08558289 n 0000 ~ 08691669 n 0000 ~ 08695198 n 0000 ~ 08695539 n 0000 ~i 08709593 n 0000 ~i 08755664 n 0000 ~i 08888479 n 0000 ~i 08892596 n 0000 ~i 08895386 n 0000 | a seat of government &%LandArea+

与第一条记录不同的是"&%"后面映射部分出现"+"标识符,而不是"="标识符。"+"标识符表示 WordNet 中同义词集在 SUMO 本体中不存在等价概念时,映射到 SUMO 本体中能够包含该同义词集语义的更抽象的概念,如此记录中同义词集“首都{capital}”映射到 SUMO 本体中涵盖首都语义的抽象概念“陆地区域(LandArea)”。

3.实例关系

08724726 15 n 04 Beijing 0 Peking 0 Peiping 0 capital_of_Red_China 0 003 @i 08691669 n 0000 #p 08723006 n 0000 %p 08724972 n 0000 | capital of the People's Republic of China in the Hebei province in northeastern China;2nd largest Chinese city &%City@

与前两条记录不同的是“&%”后面映射部分出现“@”标识符。该标识符表示 WordNet 中同义词集在 SUMO 本体中既不存在同义概念,也不存在上位概念,只是 SUMO 概念的一个实例或成员。如记录中“&%City@”表示同义词集“首都北京{Beijing,Peking,Peiping,capital_of_Red_China}”是概念“城市(city)”的一个具体城市。

四、映射效果及应用分析

(一)映射效果分析

目前确定实体之间映射关系的映射方法主要有两种:人工映射和自动映射。人工映射方式通过领域专家确定实体之间的映射关系,映射的建立耗时耗力,映射更新速度慢,映射专家的能力和水平直接决定映射的效果和质量。自动映射方式采用相似度计算方法确定实体之间的映射关系,映射建立省时省力,映射更新速度快,映射方法的优劣直接决定映射的效果和质量。一般来说,人工映射方式充分考虑了实体的上下文语境,因此映射效果和质量较高,而自动映射无法有效地辨认实体的上下文语境,映射效果和质量无法与人工映射方式相比,不过人工映射方式需要很多领域专家的参与,才能保证映射效果和质量,这是很多研究机构无法做到的,也是目前人工映射方式无法广泛应用的一个难点。WordNet 同义词集与 SUMO 本体概念之间的映射采用的是人工映射方法，是由著名的软件设计公司 Teknowledge 和 Articulate 赞助和维护的，因此有足够的人力和财力保证 WordNet 同义词集与 SUMO 本体概念之间的映射效果和质量。

（二）映射的应用领域分析

目前国内外学者对 WordNet、SUMO 等本体的应用研究，主要集中于单本体的应用研究，如基于 WordNet 同义词典的应用①或基于领域本体的应用②，很少有学者将两者结合起来，利用两者之间的映射关系去解决一些问题。从国外相关研究论文③可以看出，国外学者主要利用两者之间的映射关系去检验概念隐喻中的源域和目标域之间映射原则的有效性。④ 为更进一步地拓展 WordNet/SUMO 映射的应用领域，笔者简要分析下 WordNet/SUMO 本体映射在语义标注、语义分类、语义检索等领域中应用的方法，以便给读者在该领域的研究提供一些思路。

1.语义标注

目前流行的语义标注方法是利用领域本体对文档信息进行语义标注，该方法需要综合考虑各种因素计算文档词汇与本体概念之间的相

---

① 参见张剑李春平：《基于 WordNet 概念向量空间模型的文本分类》，《计算机工程与应用》2006 年第 6 期。

② Lee Y H, Tsao W J, Chu T H. Use of ontology to support concept-based text categorization[C]. In: Proceedings of Designing E-Business Systems: Markets, Services, and-Networks-7th Workshop on E-Business, WEB 2008. LNBIP 22. Heidelberg: Springer-Verlag, 2009: 201-213.

③ Publications [EB/OL]. [2010-5-14]. http://www.ontologyportal.org/Pubs.html#FOIS.

④ Ahrens K, Chung S F and Huang C R. From Lexical Semantics to Conceptual Metaphors: Mapping Principle Ver ification with WordNet and SUMO(C). In: Proceedings of the 5th Chinese Lexical Semantics Workshop (CLSW-5), Singapore, 2004: 99-106.

似度，然后根据相似度将本体概念安排到对应词汇上。① 很明显，这种方法计算复杂度高，标注准确率低。而利用 WordNet 同义词与 SUMO 本体概念之间的映射关系可以借助 WordNet 同义词典直接将 SUMO 本体概念安排到对应的文档词汇上，方法简单、效率高、标注准确率高。

2.语义分类

目前比较流行的语义分类方法是潜在语义索引法②和本体语义映射法。本体语义映射法主要利用相似度计算方法计算文档词汇与本体概念之间的相似度或基于文档词汇与概念属性字符匹配的方法，建立两者之间的映射关系，将文档词汇映射成本体概念，形成文档概念向量空间，从而实现语义分类。③ 然而，文档词汇与本体概念之间存在普遍性与特殊性、抽象与具体的矛盾，使词汇与概念之间相似度的计算过程较复杂，字符匹配的成功率较低，且本体概念属性解析出来较困难，因此这类方法实现过程复杂，分类效果较差。利用 WordNet 同义词集与 SUMO 本体概念之间的映射关系，可以直接将文档——词向量空间中的词条映射成 WordNet 同义词集，进而映射成 SUMO 本体中相应的概念，形成文档——概念向量空间进行文本自动分类，无须计算相似度，匹配成功率较高，方法简单直接，效率高。

3.语义检索

WordNet/SUMO 本体映射在语义检索领域的应用可以借助

① 参见时念云、杨晨：《基于领域本体的语义标注方法研究》，《计算机工程与设计》2007 年第 24 期。

② Abdelwahab A, Sekiya H, Matsuba I, et al. An efficient collaborative filtering algorithm using SVD-free latent semantic indexing and particle swarm optimization [C].In：Proceedings of 2009 International Conference on Natural Language Processing an Knowledge Engineering，NLP-KE 2009.Piscataway：IEEE Computer Society，2009.

③ 参见张真：《基于语义相似度的中文文本分类系统的研究与实现》，硕士学位论文，大连海事大学，2007 年。

WordNet 同义词集与 SUMO 本体概念之间的映射关系，将用户查询关键词所在的 WordNet 同义词集及其对应的 SUMO 本体概念扩展到用户查询表达式中，实现用户查询的语义扩展检索。

第三节　基于 WordNet 与 SUMO 本体集成文档语义分类模型设计与实现

目前，国内外大部分基于本体的文档分类模型主要利用 WordNet 同义词典或领域本体将文档词向量空间转换成概念向量空间进行文档的自动分类。然而，WordNet 同义词典侧重于同义词集，对概念及其语义关系的覆盖范围有限，用它构建概念向量空间较困难，实现过程较复杂，分类效果较差。领域本体虽然具有丰富的概念及其语义关系，不过领域本体主要侧重本领域的概念及语义关系，不能涵盖其他领域的专业概念及语义关系，用它进行专业领域的文档分类，效果较好，但不适合用于通用领域文档的分类。另外，阻碍本体在文档语义分类领域广泛应用的一个根本性问题未得到有效解决，这个问题就是本体概念的抽象程度高，具有普遍性，而词汇抽象程度低，具有特殊性，本体概念与自然语言词汇之间存在普遍性与特殊性、抽象与具体的矛盾，使自然语言词汇无法准确、有效、快速地映射到本体概念。

为解决上述问题，笔者引入词汇覆盖率较高的英文同义词典 WordNet 和概念及语义关系丰富，涵盖领域广泛的标准上层本体 SUMO，并借助两者之间的映射关系，设计和实现一个基于 WordNet 与 SUMO 本体集成的文档语义分类模型。该模型借助 WordNet 同义词集抽象层次低、贴近自然语言词汇、词汇覆盖率高的特性和 SUMO 本体概念语义关系丰富、层次结构清晰、涵盖领域广泛的特性，利用 WordNet 同义词集与 SUMO 本体概念之间的映射关系将文档词向量空间中相互独立、缺乏语义关联的词汇直接映射到 WordNet 同义词集，进而映射到 SUMO 本体概念,从而形成低维的、语义丰富的文档概念向量空间,实现文档的语义分类。该模型的实现能够很好地解决本体概念与自然语言词汇之间普遍性与特殊性、抽象与具体的矛盾,导致自然语言词汇无法准确、有效、快速地映射到本体概念的问题,将基于本体的文档语义分类研究从理论、框架、模型研究阶段,提升到实际应用层次。

基于 SUMO 和 WordNet 融合的文本分类模型如图 5-9 所示,共分为四个部分:①集成本体库的构建;②词向量空间到概念向量空间的映射;③概念向量空间的通用化;④分类模型的训练及实验。模型四个部分运作的基本流程:首先基于 SUMO 本体概念与 WordNet 同义词之间的映射文件,编写正则表达式,抽取 WordNet 同义词集 ID、同义词集及对应的 SUMO 本体概念,形成涵盖 WordNet 同义词集与 SUMO 本体概念一一映射关系的集成本体库,然后基于集成本体库,将传统词向量空间中相互独立的特征项映射成集成本体库中的同义词集字段,进而将同义词集映射成 SUMO 本体概念,基于 SUMO 本体概念语义图,将其中具体的概念映射成通用概念即 SUMO 本体上位概念,建立低维的概念向量空间进行文本分类模型的训练,最后对测试文档集进行相同处理,形成概念向量空间,进行分类实验及结果评估。下面就模型四部分的具体实现过程进行详细论述。

一、实验平台构建

硬件环境:处理器为 Intel Core i5 750 2.66GHz,内存为 4G 的台式机

软件环境:Windows XP Professional SP3 操作系统,
JDK 5(Java Development Kit),
PHP+MySql 作为构建概念向量空间的平台,
RapidMiner 4.6 的实验平台。

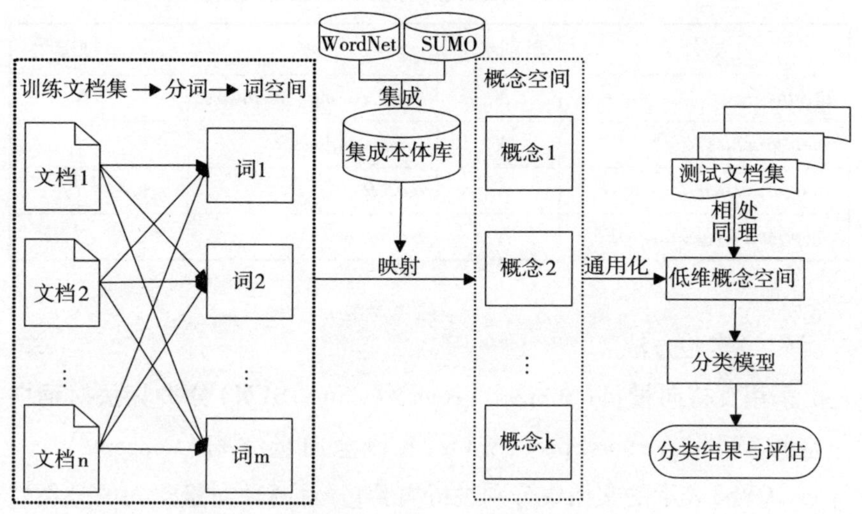

图 5-9 基于 SUMO 和 WordNet 融合的文本分类模型

二、实验数据集及方法

(一)实验数据集

我们选择 20 Newsgroups 作为实验数据集，该数据集是机器学习研究领域中一个非常流行的实验数据集。目前有三个版本："20news-19997.tar.gz"、"20news-bydate.tar.gz"和"20news－18828.tar.gz"。其中第二个版本消除了重复部分和一些消息头，并按日期排序，分为训练集(60%)和测试集(40%)，避免了人工分类的随机性，比较适合文本分类中的交叉检验。该版本数据集共有 18846 篇新闻文档，训练集 11314 篇文档，测试集 7532 篇文档，按新闻主题分为 20 个类。我们从中选择 8 个类作为本书分类实验的类别体系，类别体系的详细信息及我们所设置的对应类别编号见表 5-2。这里，我们从表 5-2 所示 N_1—N_8类中，每类各取 300 篇文档，共 2400 篇文档作为训练集。再在每个类各取 100 篇，共 800 篇文档作为测试集。

表 5-2　类别体系的详细信息及我们所设置的对应类别编号

类名	类别编号	类名	类别编号
alt.atheism	N_1	*comp.sys.mac.hardware*	N_5
comp.graphics	N_2	*comp.windows.x*	N_6
comp.os.ms-windows.misc	N_3	*misc.forsale*	N_7
comp.sys.ibm.pc.hardware	N_4	*rec.autos*	N_8

(二)实验方法

采用支持向量机(Support Vector Machine,SVM)分类算法对词向量空间(Word Vector Space,WVS)和概念向量空间(Concept Vector Space,CVS)表示的文档集分别进行实验,并对两种向量空间的分类性能进行对比分析。在实验中,我们将支持向量机的类型设置为 C-SVC,惩罚参数 C 设置为 3.0,核函数类型设置为线性核函数(linear kernel function)。

三、集成本体库构建

集成本体库的构建是词向量空间向概念向量空间映射的基础环节,对此,笔者基于 WordNet 同义词集与 SUMO 本体概念之间的映射关系,设计了一个集成算法对 WordNet 同义词集及其对应的 SUMO 本体概念进行集成,形成涵盖 WordNet 同义词集与 SUMO 本体概念一一映射关系的集成本体库。集成算法的基本流程:首先从网站"http://sigmakee.cvs.sourceforge.net/sigmakee/KBs/WordNetMappings/WordNet"中获取 WordNet 同义词集与 SUMO 本体概念之间的映射文件,然后根据文件中同义词集与概念之间映射的特征编写正则表达式,从映射文件中抽取同义词集 ID、同义词集及对应的 SUMO 本体概念,并分别作为 synID、synset、concept 三个字段存入建立的 wsmap 映射表中。集成算法的编程环境采用 PHP+MySQL 组合,该组合配置简单。表 5-3 是集成算法的核心代码,图 5-10 是集成算法输出的映射表 wsmap 的部分结果。

表 5-3　集成算法的核心代码

输入数据:映射文件 输出数据:同义词集与概念存在一一映射关系的映射表 WSMap

$strs1=file($filename);　//将映射文件名赋予变量 *strs1*
$con="/.+@/";　//抽取含有 *synID*、*synset* 数据段的正则表达式
$synID="/^[0-9]{8}/";　//抽取同义词集 *ID* 的正则表达式
$syset="/([a-z]{2,}_*[a-z]*)+/";　//抽取同义词集的正则表达式
$concep="/&%([a-zA-Z]{2,}_*[a-z]*)+/";　//抽取含有概念数据段的正则表达式
$concep1="/[a-zA-Z]{2,}/";　//抽取概念字段的正则表达式
for($i=0;$i<count($strs1);$i++)　//对输入映射文件内容的各行进行一个循环
{ *$line[$i]=trim($strs1[$i])*;　//各行去空格后存入 *$line[$i]*数组中
preg_match_all($con,$line[$i],$cons);//从 *$line[$i]*各行中抽取 *$con* 表示的内容存入 *$cons* 数组中
preg_match_all($concep,$line[$i],$conce);//从 *$line[$i]*各行抽取 *$concep* 表示的内容存入 *$conce* 数组中
$c=$cons[0][0];*$d=$conce[0][0]*;//初始化 *$cons* 数组赋予 *$c* 变量和初始化 *$conce* 数组赋予 *$d* 变量
preg_match_all($synID,$c,$synid);　//从变量 *$c* 匹配出 *$synID* 表示的内容赋予同义词集 *ID* 数组 *$synid*
preg_match_all($syset,$c,$synset);　//从变量 *$c* 匹配出 *$syset* 表示的内容赋予同义词集数组 *$synset*
preg_match_all($concep1,$d,$concept);//从变量 *$d* 匹配出 *$concep1* 表示的内容赋予概念数组 *$concept*
$set=serialize($synset[0]);　//序列化同义词数组 *$synset* 赋予变量 *$set*
$ids=$synid[0][0];　*$cs=$concept[0][0]*;//初始化数组 *$synid* 和 *$concept* 并赋予变量 *$ids* 和 *$cs*
$sql*="*INSERT INTO 'ws'.'wsmap'('synID','synset','concept') VALUES('$ids','$set','$cs') on duplicate key update synID='$ids'*";将变量 *$ids、*$set* 和 *$cs* 的值分别插入到
　WSMap 映射表中对应的三个字段　}

synID	synset	concept
00001740	a:1:{i:0;s:6:"entity";}	Physical
00001930	a:1:{i:0;s:15:"physical_entity";}	Physical
00002137	a:2:{i:0;s:11:"abstraction";i:1;s:15:"abstract_ent...	Physical
00002452	a:1:{i:0;s:5:"thing";}	CorpuscularObject
00002684	a:2:{i:0;s:6:"object";i:1;s:15:"physical_object";}	CorpuscularObject
00003553	a:2:{i:0;s:5:"whole";i:1;s:4:"unit";}	CorpuscularObject
00003993	a:1:{i:0;s:8:"congener";}	familyRelation
00004258	a:2:{i:0;s:12:"living_thing";i:1;s:13:"animate_thi...	CorpuscularObject
00004475	a:2:{i:0;s:8:"organism";i:1;s:5:"being";}	Organism
00005787	a:1:{i:0;s:7:"benthos";}	Organism
00005930	a:1:{i:0;s:5:"dwarf";}	Human
00006024	a:1:{i:0;s:11:"heterotroph";}	Organism
00006150	a:1:{i:0;s:6:"parent";}	parent
00006269	a:1:{i:0;s:4:"life";}	Organism
00006400	a:1:{i:0;s:5:"biont";}	Organism
00006484	a:1:{i:0;s:4:"cell";}	Cell
00007347	a:3:{i:0;s:12:"causal_agent";i:1;s:5:"cause";i:2;s...	Agent
00007846	a:6:{i:0;s:6:"person";i:1;s:10:"individual";i:2;s:...	Human
00015388	a:6:{i:0;s:6:"animal";i:1;s:13:"animate_being";i:2...	Animal
00017222	a:3:{i:0;s:5:"plant";i:1;s:5:"flora";i:2;s:10:"pla...	Plant

图 5-10　映射表 WSMap 的部分结果

四、词向量空间到概念向量空间的映射

词向量空间到概念向量空间的映射是实现文档语义分类的基础和核心，也是国内外研究的热点与难点，目前为止还没有一个简单有效的映射方法，主要原因是概念是对人类世界的抽象性描述，是从自然语言词汇中抽象出来的，是自然语言词汇的抽象性概括，具有普遍性。比如 Computer、Laptop、Notebook、Desktop、Dell、Lenovo 、HP 等词汇可以直接

用 Computer 这个概念来表示。自然语言词汇是本体概念的具体化表示,具有特殊性。比如如果人们只用 Computer 概念表示计算机,可能很多人会不理解 Laptop、Notebook、Desktop 等词的意思。因此在人类世界里,需要有很多词汇去阐释一个概念。自然语言词汇与本体概念之间普遍性和特殊性的矛盾,使得本体概念与自然语言词汇之间无法进行有效沟通和互操作。因此我们在进行词向量空间到概念向量空间映射的过程中,需要计算词汇与概念的相似度,确定两者之间的映射关系。很明显,这种方法的计算复杂度很高,效果也不一定好,并且在文档词汇向本体概念映射的时候,由于词汇与概念之间一对多的关系如多义词,或多对一的关系如同义词,会出现很多词汇不能准确映射到相应本体概念的情形。而 WordNet 同义词典直接面向自然语言词汇,是对自然语言词汇的语义组织,涵盖的词汇量比较大,并且 WordNet 同义词集能够全部映射到 SUMO 本体概念。因此借助 WordNet 同义词集与 SUMO 本体概念之间的映射关系,可以简单效率地将文档—词汇准确地映射到对应的本体概念。比如同义词{Computer、Laptop、Notebook、Desktop、Dell、Lenovo 、HP}可以映射到 SUMO 本体概念"Computer",这只是笔者举个例子,目前 WordNet 同义词典还没有如此丰富的同义词集,这也是 WordNet 同义词典不能随网络新词汇的出现而动态更新的一个缺陷。笔者根据上述思路,借助 WordNet 同义词集与 SUMO 本体概念之间的映射关系,集成了一个涵盖 WordNet 同义词集与 SUMO 本体概念一一映射关系的映射表 WSMap,基于 WSMap,笔者设计了一个映射算法先将文档——词向量空间中的词项映射到 WSMap 表中的同义词集字段,进而映射成对应的 SUMO 本体概念,并修改相应的权重,形成文档——概念向量空间。映射算法的设计与实现共分为如下几步:

(1)词向量空间向概念向量空间的映射

为描述方便,笔者将词向量空间形式化定义为: $d_i = (t_1, w_{i1}; t_2,$

w_{i2};…;t_j,w_{ij}),其中 t_j 表示文档 d_i 的第 j 词项,w_{ij} 表示第 j 个词项在第 i 个文档中的 TFIDF 权重。概念向量空间形式定义为:$d_i=(c_1,w_{i1};c_2,w_{i2};\cdots;c_n,w_{in})$,其中 c_n 表示文档 d_i 的第 n 个概念,w_{in} 表示第 n 个概念在第 i 个文档中的权重。

词向量空间向概念向量空间映射的具体过程描述如下:

Input:映射表 WSMap 和文档——词向量空间 $d_i=(t_1,w_{i1};t_2,w_{i2};\cdots;t_j,w_{ij})$;

Step1:循环遍历文档向量 d_i 中所有词项 t_j 及其权重,判断 t_j 在映射表 WSMap 中同义词集字段中是否出现;

Step2:若 t_j 是未登录词(即不在 WSMap 同义词集字段中出现),则将其及其 TFIDF 权重从文档向量 d_i 中删除;

Step3:若 t_j 在 WSMap 同义词集字段中出现,则将 t_j 替换为同义词集对应的 SUMO 本体概念,将 t_j 的权重 w_{ij} 作为所替换概念的权重,直到所有词项 t_j 替换成概念,循环结束;

Output:文档——概念向量空间:$d_i=(c_1,w_{i1};c_2,w_{i2};\cdots;c_n,w_{in})$。

(2)概念向量空间的消重

由于多义词、同义词的存在,词向量空间到概念向量空间的映射结果中,可能会出现一个词汇映射成多个概念或多个词汇映射成一个概念的情况,因此映射后的概念向量空间中会出现很多重复的概念。如何消除重复概念,使概念更精确地反映词汇在文档中的本义是笔者要解决的问题。一般来说,概念的重复频率越高,说明文档中反映该概念语义的词汇就越多,该概念就越能反映文章或类主题,其权重也就应该越高。因此,下一步,笔者主要统计概念 C_n 重复的频次,对概念向量空间进行消重,重新调整概念 C_n 的权重。

概念向量空间消重算法的具体描述如下:

Input:文档——概念向量空间:$d_i=(c_1,w_{i1};c_2,w_{i2};\cdots;c_n,w_{in})$;

Step1:循环遍历文档——概念向量 d_i 中所有概念及其权重,将相同的概念合并为一个概念，赋予变量 C_k ，并统计概念 C_k 出现的频次，赋予变量 CF_k ；

Step2：利用公式(5-1)计算合并后概念 C_k 的权重，公式中 cw_{ik} 表示概念 C_k 的权重，$\sum_{n=1}^{CF_k} w_{in}$ 表示概念 C_k 及其相同概念的权重和(由于映射到概念的词汇不同，即使是相同的概念，其权重也不一样，因此在消重时，将相同的概念权重和作为合并后概念 C_k 的权重)，CF_k 既指概念 C_k 的频次，也指相同概念的个数，分母为归一化因子；

$$cw_{ik} = \left(\sum_{n=1}^{CF_k} w_{in} + CF_k\right) / \sqrt{\sum_{n=1}^{CF_k} w_{in}^2 + CF_k^2} \tag{5-1}$$

Output：消重调整权重后的概念向量：

$d_i = (C_1, cw_{i1}; C_2, cw_{i2}; \cdots; C_k, cw_{ik})$ 。

五、概念向量空间通用化

概念向量空间的通用化即下位概念通用化为上位概念，如下位概念"gold"、"silver"可以通用化成上位概念"precious metal"。关于概念的通用化，国内研究的较少，国外研究比较深入的是芬兰学者 Filip Ginter 等人提出基于本体，构建概念树将词形不同而语义相同的概念转换成相同的概念，具体的概念转换成通用概念，并提出概念通用化深度的概念。提出的方法需要利用本体从文档中抽取对应概念，形成概念集，然后利用概念语义关系，将概念集组织成概念树，实现过程较为复杂。本书针对此问题，设计了一个概念通用化的算法直接将 SUMO 本体可视化成本体概念语义图，基于此，进行概念的通用化操作。

概念通用化算法的具体描述如下：

Input：消重调整权重后的概念向量：$d_i = (C_1, cw_{i1}; C_2, cw_{i2}; \cdots; C_k, cw_{ik})$ 。

Step1：调入 SUMO.owl 本体概念描述文件，并利用 GraphViz.php 文件

中的 Image_GraphViz.class① 可视化类将其可视化为本体概念层次结构图；

Step2：循环遍历文档概念向量 d_i 的所有概念 C_k，判断 C_k 是否在本体概念层次结构图中存在；

Step3：如果不存在，则保留原概念，对下一个概念进行判断；

Step4：如果存在，则从 SUMO 本体概念层次结构图中获取概念 C_k 所在的层次，赋予变量 $L(C_k)$，并判断 C_k 在层次结构图的第 $L(C_k) - r$（r 为层次调节参数，一般为整数，$1 \leq r < L(C_k)$，主要调解概念通用化的程度）层是否存在直接上位概念；

Step5：如果存在直接上位概念，则将 C_k 替换为上位概念 C_m，并利用公式（5-2）计算通用化后概念 C_m 的权重，公式中 cw_{ik} 是初始概念 C_k 的原始权重，Log_{10} 为归一化函数，$\frac{1}{L(C_k) - r}$ 为通用化后概念 C_m 的层次权重，p 为调解参数；

$$csw_{im} = Log_{10}(cw_{ik} + \frac{1}{L(C_k) - r} \times p) \tag{5-2}$$

Step6：如果不存在直接上位概念，则保留初始概念 C_k，并用公式（5-3）调整 C_k 的原始权重，公式中 cw_{ik} 是概念 C_k 的原始权重，$\frac{1}{L(C_k)}$ 是概念 C_k 在本体概念语义图中的层次权重；

$$csw_{ik} = Log_{10}(cw_{ik} + \frac{1}{L(C_k)} \times p) \tag{5-3}$$

Output：通用化后的文档——概念向量：$d_i = (C_1, csw_{i1}; C_2, csw_{i2}; \cdots; C_m, csw_{im})$；

由于下位概念与上位概念是多对一的关系，因此在概念通用化过程中，会存在很多重复的概念。通常，概念重复频率越高，说明反映该

① Barr M, Wells C. Category Theory for Computing Science [M]. [S. l.]: Prentice Hall, 1990.

概念主题的子概念就越多，该概念的类区分度和类概括度也就越强，其权重也应该越高。因此，下一步，笔者主要统计概念 C_m 重复的频次，对概念向量空间进行消重，重新调整概念 C_m 的权重。

Input：通用化后的文档——概念向量：

$d_i = (C_1, csw_{i1}; C_2, csw_{i2}; \cdots; C_m, csw_{im})$；

Step1：循环遍历 d_i 中所有概念及其权重，将相同的概念合并为一个概念，赋予变量 C_l，并统计概念 C_l 出现的频次，赋予变量 CF_l；

Step2：利用公式（5-4）计算合并后概念 C_l 的权重，公式中 $\sum_{m=1}^{CF_l} csw_{im}$ 表示概念 C_l 及其相同概念的权重和，CF_l 既指概念 C_l 的频次，也指相同概念的个数，分母为归一化因子；

$$ccsw_{il} = \left(\sum_{m=1}^{CF_l} csw_{im} + CF_l\right) / \sqrt{\sum_{m=1}^{CF_l} csw_{im}^2 + CF_l^2} \qquad (5-4)$$

Output：较低维度的文档——概念向量空：

$d_i = (C_1, cw_{i1}; C_2, cw_{i2}; \cdots; C_l, ccsw_{il})$。

六、分类模型训练与测试过程描述

分类模型训练的基本过程如图 5-11 所示，包括文档——词向量空间模型的建立，文档——词向量空间到文档——概念向量空间的转换，参数的训练与选取。

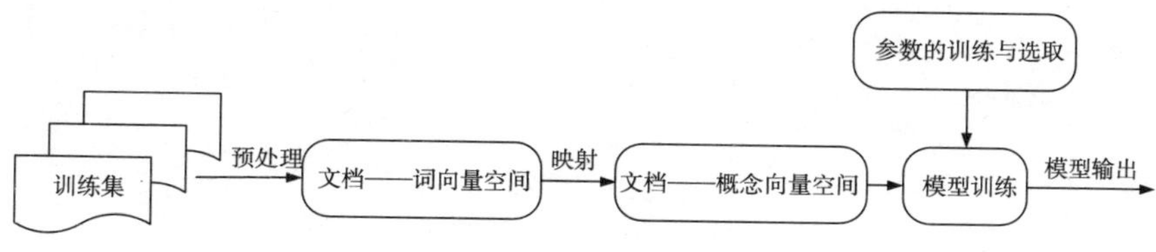

图 5-11　分类模型训练的基本过程图

（一）词向量空间的构建

基于 RapidMiner4.6 配置词向量空间的构建模块，如图 5-12 所示,左边栏树形目录是词向量空间构建模块的各个组件,右边栏是各组件的配置参数。词向量空间构建的基本过程:首先利用 TextInput 模块的各组件对输入的训练集进行分词(String Tokenizer)、停用词过滤(EnglishStopwordFilter)、字符长度过滤(TokenLengthFilter)、词根还原(PorterStemmer)、TFIDF 权重等预处理,形成文档的词向量空间,处理结果如图 5-13 所示;然后利用 ExampleSetWriter 模块将构建的词向量空间写入数据文件 TrWordVectorSapce.dat 和属性描述文件写入 TrWordVectorSapce.aml 中。

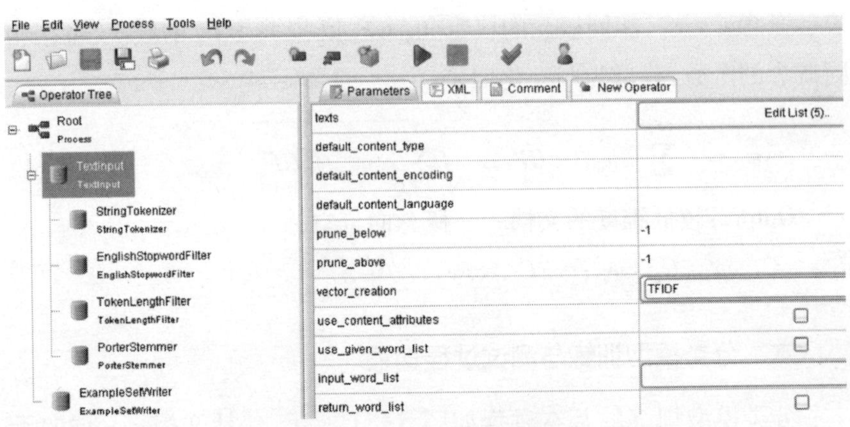

图 5-12 词向量空间构建流程图

Row No.	id	label	cannon	sell	stake	venturecan..	group	said	agre	principl	interest	video	
1	1	acq	0.478	0.259	0.129	0.159	0.090	0.034	0.159	0.159	0.159	0.319	0.1
2	2	acq	0	0	0	0	0	0.018	0	0	0	0	0
3	3	acq	0	0	0	0	0	0.043	0	0	0	0	0
4	4	acq	0	0.147	0	0	0	0.039	0	0	0	0	0
5	5	acq	0	0	0	0	0	0.046	0	0	0	0	0
6	6	acq	0	0	0.235	0	0.326	0.031	0	0	0	0	0
7	7	acq	0	0	0	0	0.125	0.012	0	0	0	0	0
8	8	acq	0	0	0	0	0.065	0.024	0	0	0	0	0
9	9	corn	0	0	0	0	0	0.014	0	0	0	0	0
10	10	corn	0	0	0	0	0	0.016	0	0	0	0	0
11	11	corn	0	0	0	0	0	0.021	0	0	0	0	0
12	12	corn	0	0	0	0	0	0.041	0	0	0	0	0
13	13	corn	0	0	0	0	0	0	0	0	0	0	0
14	14	corn	0	0	0	0	0	0	0	0	0	0	0
15	15	corn	0	0	0	0	0	0	0	0	0	0	0
16	16	corn	0	0	0	0	0	0.037	0	0	0	0	0

图 5-13 构建的词向量空间

（二）概念向量空间的构建

主要基于集成本体库映射表 WSMap，词向量空间数据文件 TrWordVectorSapce.dat 和属性（特征项）描述文件 TrWordVectorSapce.aml，利用映射算法将原文档词向量空间映射成概念向量空间。具体过程如下：

Step 1：编写抽取程序，将词向量空间属性描述文件 TrWordVectorSapce.aml 导入 MySql 表中。图 5-14 是词向量空间属性描述文件的片段，其中第 2 行是属性描述文件对应的权重文件，其主要描述的是属性（也称特征项）在文档中的 TFIDF 权重。“<attribute” 表示属性起始符，“/>”表示属性结束符。name 表示属性名，sourcecol 表示属性在权重文件“ * .dat”中的位置，比如“1”表示属性在所有文档中的权重位于权重文件中的第一列。Valuetype 表示值类型。基于属性描述文件，笔者编写抽取程序从其中抽取 name、sourcecol、valuetype 三个属性，存入“ws”数据库中的属性表“attribute”中。抽取程序的核心代码见表 5-4。属性表“attribute”中的部分结果如图 5-15 所示。

表 5-4　抽取程序的核心代码

```
include ‘conn.php’;    $filename=“TrWordVectorSapce.aml”;
set_time_limit(0);    $strs2=file_get_contents($filename);
$name=“/\”\S+\“/”;    $line[$i]=trim($strs2);
preg_match_all($name,$line[$i],$mms);
for($i=0;$i<count($mms[0])/3;$i++)
{
$nm=addslashes($mms[0][0+$i*3]);
$attri=addslashes($mms[0][1+$i*3]);
$type=addslashes($mms[0][2+$i*3]);
$sql=“INSERT INTO ‘ws’.‘attribute’(‘name’,‘sourcecol’,‘valuetype’)VAL-
UES(‘$nm’,
‘$attri’,‘$type’)on duplicate key update name=‘$nm’”;
$result=mysql_query($sql);    mysql_query(“set names ‘utf8’”);}
```

Step 2：基于 WordNet 同义词集与 SUMO 本体概念的映射表 wsmap

```
<?xml version="1.0" encoding="GBK"?>
<attributeset default_source="TrWordVectorSapce.dat">

  <attribute
    name          = "cannon"
    sourcecol     = "1"
    valuetype     = "real"/>

  <attribute
    name          = "sell"
    sourcecol     = "2"
    valuetype     = "real"/>

```

图 5-14　词向量空间属性描述文件片段

←T→	name	sourcecol	valuetype
	"cannon"	"1"	"real"
	"sell"	"2"	"real"
	"stake"	"3"	"real"
	"venturecannon"	"4"	"real"
	"group"	"5"	"real"
	"said"	"6"	"real"
	"agre"	"7"	"real"

图 5-15　属性表"attribute"中的部分结果

和词向量空间属性表 attribute，利用本节中所设计的映射算法将词向量空间属性表 attribute 中 name 列的特征项映射成 wsmap 表的概念，并进行概念通用化和消重操作，同时修改对应权重文件中的权重，形成概念向量空间属性表 cvs 和相应的概念向量空间数据文件 TrConceptVectorSapce.dat。cvs 表中部分结果如图 5-16 所示。从图 5-16 可以看出，概念向量空间中概念明显比词向量空间中的特征项少，很多无关的、不重要的特征项被删除。

concept	sourcecol	valuetype
BodyPart	"1"	"real"
ContentBearingObject	"10"	"real"
UnitOfMeasure	"101"	"real"
Insect	"102"	"real"
SubjectiveAssessmentAttribute	"104"	"real"
SocialRole	"106"	"real"
CurrencyMeasure	"107"	"real"
PositiveInteger	"108"	"real"
City	"11"	"real"
Process	"111"	"real"

图 5-16 概念向量空间属性表 cvs 中的部分结果

Step 3:将概念向量空间属性表 cvs 导出,并进行处理,形成概念向量空间属性描述文件 TrConceptVectorSapce.aml,如图 5-17 所示。图中第 2 行加载的是概念向量空间的权重文件 TrConceptVectorSapce.dat,sourcecol 属性表示概念权重在权重文件中的位置列。

(三)参数的训练和选取

首先利用 ExampleSource 模块载入概念向量空间属性描述文件 TrConceptVectorSapce.aml,文件中有一行代码:"<attributeset default_source="TrConceptVectorSpace.dat">",主要用于加载对应的概念向量空间数据文件 TrConceptVectorSapce.dat;然后利用 GridParameterOptimization 模块从设置的分类算法的参数列表中训练出最优参数,以优化文本分类模型的性能,具体如图 5-18 所示。

(四)分类模型的训练和输出

利用 ExampleSource 模块输入概念向量空间的概念向量空间属性

```
<?xml version="1.0" encoding="GBK"?>
<attributeset default_source="TrConceptVectorSapce.dat">
         <attribute
        name         = "BodyPart"
        sourcecol    = "1"
        valuetype    = "real"
    
    <attribute
        name         = "ContentBearingObject"
        sourcecol    = "10"
        valuetype    = "real"
    
    <attribute
        name         = "UnitOfMeasure"
        sourcecol    = "101"
        valuetype    = "real"
    
    <attribute
        name         = "Insect"
        sourcecol    = "102"
        valuetype    = "real"
```

图 5-17　概念向量空间属性描述文件片段

描述文件 Tr ConceptVectorSapce.aml，然后将分类算法的参数设置为步骤（三）中训练出的最优参数，利用特征选择模块 FeatureSelection 对输入的概念特征进行选择，获取最优概念特征集，最后利用 XValidation 交叉检验模块对分类算法的性能进行评估，并将性能优越的分类模型通过 ModelWriter 模块写出。分类模型的训练过程如图 5-19 所示，输出的概念向量空间如图 5-20 所示，与图 5-13 所示的词向量空间相比，维度从 614 维降低到 84 维，降低了 530 维。

（五）分类模型测试过程描述

首先利用分类模型训练过程的第 1 步和第 2 步对输入的测试集进行处理，形成测试集的概念向量空间属性描述文件 TrConceptVectorSapce.aml

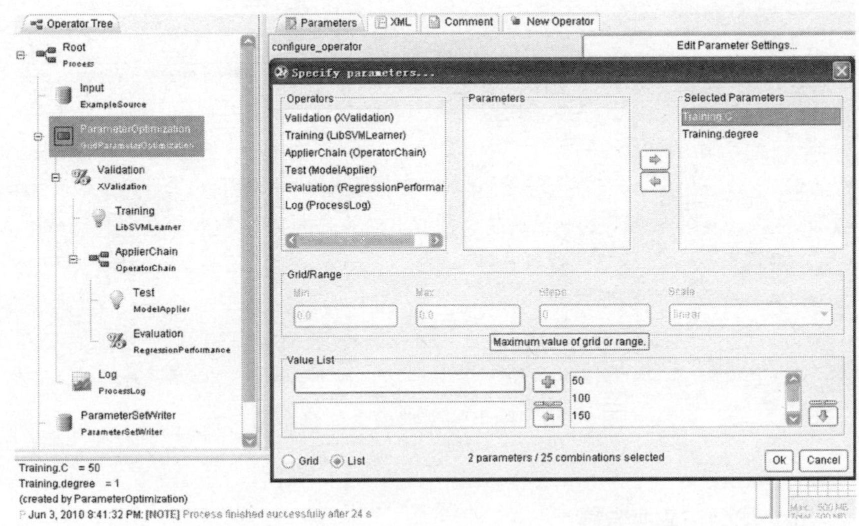

图 5-18　文本分类算法参数的训练过程

图 5-19　分类模型的训练过程

和概念向量空间数据文件 TrConceptVectorSapce.dat。然后利用特征选择模块 FeatureSelection 对输入的概念特征进行选择，获取最优概念特征集。最后利用 ModelApplier（模型应用）模块将分类模型训练过程中训练出的分类模型应用于测试集的最优概念特征集中执行测试分类任务，并利用 Classification Performance（分类性能）评估模块对分类模型的分类性能进行分析和评估。

Row No.	id	label	BodyPart	ContentBea...	UnitOfMeas...	Insect	SubjectiveA...	SocialRole	CurrencyMe...	PositiveInte...	City
1	1	acq	0.478	0.319	0	0	0	0	0	0	0.159
2	2	acq	0	0	0	0	0	0	0	0	0
3	3	acq	0	0	0	0	0	0	0	0	0
4	4	acq	0	0	0	0	0	0	0	0	0
5	5	acq	0	0	0.089	0.143	0.147	0.101	0.089	0.089	0
6	6	acq	0	0	0	0	0.074	0.101	0	0	0
7	7	acq	0	0	0	0	0	0.078	0	0	0
8	8	acq	0	0	0	0	0	0	0	0	0
9	9	corn	0	0	0.083	0	0	0	0.083	0	0
10	10	corn	0	0	0	0	0	0	0	0.091	0
11	11	corn	0	0	0	0	0	0	0	0	0
12	12	corn	0	0	0	0	0	0	0	0	0
13	13	corn	0	0	0.119	0	0	0	0	0	0
14	14	corn	0	0	0	0	0	0	0	0	0
15	15	corn	0	0	0	0	0	0	0	0	0
16	16	corn	0	0	0	0	0	0	0	0	0

图 5-20　输出的文档概念向量空间

七、实验评估指标

采用目前文本分类领域最常用的评估指标:准确率(Accuracy)、精确度(Precision)、召回率(Recall)和 F1 值。准确率(Accuracy)=(正确分类的测试文档数)/(测试文档总数);精确度(Precision):P=(正确分为某类的测试文档数)/(测试集中分为该类文档总数);召回率(Recall):R=(正确分为某类的测试文档数)/(测试集中属于该类文档总数);F1 测试值:F1=(精确度 * 召回率 * 2)/(精确度+召回率)。

八、实验及结果分析

实验结果见表 5-5 和图 5-21。表 5-5 列出了当训练文档集数量为 960 时,基于词向量空间 WVS 的 SVM 分类器和基于概念向量空间 CVS 的 SVM 分类器分别对各类测试文档进行分类测试的召回率、精确度、F1 值及它们的平均值。

表 5-5　两种分类器在训练集规模为 960 时的分类性能比较

Class labels	基于 WVS 的 SVM 分类器			基于 CVS 的 SVM 分类器		
	维度:Train:6399;Test:5830			维度:Train:2380;Test:2059		
	Train time:84 秒;Test Time:78 秒			Train time:58 秒;Test Time:42 秒		
	R	P	F1	R	P	F1
N1	82.00%	96.47%	88.65%	81.33%	69.95%	75.21%
N2	93.00%	51.96%	66.67%	99.00%	100.00%	99.50%
N3	74.00%	73.27%	73.63%	98.74%	83.76%	90.64%
N4	63.00%	63.64%	63.32%	56.90%	90.00%	69.72%
N5	57.00%	48.31%	52.30%	100.00%	89.39%	94.40%
N6	43.00%	40.57%	41.75%	87.96%	62.99%	73.41%
N7	14.00%	18.42%	15.91%	76.25%	86.50%	81.05%
N8	20.00%	55.56%	29.41%	60.68%	93.57%	73.62%
Overall	55.75%	56.03%	55.89%	82.61%	84.52%	82.19%

从表 5-5 可以看出,基于 CVS 的 SVM 分类器的平均分类性能较高,维度较低。如:与基于 WVS 的 SVM 分类器相比,基于 CVS 的 SVM 分类器的召回率、精确度和 F1 值的平均值分别从 55.75%、56.03%、55.89%增加到 82.61%、84.52% 和 84.52%,分别增加了 26.86%、28.49%、26.30%。

在向量空间维度方面,基于词向量空间(WVS)的分类器的训练集向量空间维度是 6399,测试集维度是 5830,总共是 12229 维。而基于概念向量空间(CVS)的分类器的训练集向量空间维度是 2380,测试集维度是 2059,总共是 4439 维,比原来基于词向量空间的训练集和测试集总体向量空间维度降低了 7790 维。

分类时间方面,基于 WVS 的 SVM 分类器的训练时间是 84 秒,测试时间是 78 秒,总共花费 162 秒。而基于 CVS 的 SVM 分类器的训练时间是 58 秒，测试时间是 42 秒，总共花费了 100 秒，比基于 WVS 的分类时间少了 62 秒。

图 5-21 所示为不同数量训练文档时两种向量空间模型分类器的分类测试结果，从图 5-21 中可以看出，在训练集规模为 240 时，基于 CVS 的 SVM 分类器的分类准确率比基于 WVS 的高出 28.50%。随着训练集规模的增加，两种分类器的分类准确率不断提高。当训练集规模达到 960 时，基于 WVS 的分类器分类准确率达到最高，55.75%，此时两种分类器分类准确率之间的差距最小，为 26.86%；当训练集规模达到 1440 时，基于 CVS 的分类器分类准确率达到最高，96.78%，此时两者之间的差距达到最高，为 80.78%。

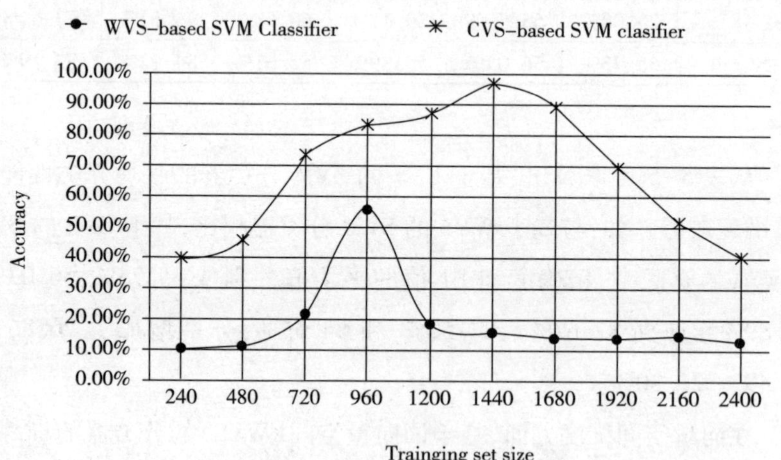

图 5-21　不同数量训练文档时两种分类器的分类准确率比较

本章主要讲述 WordNet 与 SUMO 本体库概述、WordNet 与 SUMO 本体库的映射机制研究、基于 WordNet 与 SUMO 本体集成的文档语义分类模型的设计与实现。针对本体概念与自然语言词汇之间存在普遍性与特殊性的矛盾，以 WordNet 同义词典和 SUMO 本体为研究对象，对两者进行简要概述，详细分析两者之间的映射动机，提出自然语言词汇、WordNet 同义集和 SUMO 本体概念之间的映射模型，并深入分析 WordNet 同义集与 SUMO 本体概念之间的映射实例、映射效果及应用，以便更好地利用 WordNet 同义词典贴近自然语言词汇、SUMO 本体概念抽象层次高的特性和两者之间的映射关系去解决本体概念与自然语言词汇之间普遍性与特殊性的矛盾。对 WordNet 与 SUMO 本体库及两者之间映射机制深入研究的基础上，设计和实现了一个基于 WordNet 和 SUMO 本体集成的文档语义分类模型，并且通过实验验证了该模型的可行性，详细分析和描述了分类模型训练和测试的过程，实验文档自动分类与评估。

第 六 章

海量网络学术文献自动分类系统

第一节　海量网络学术文献自动分类系统

根据本书研究目标，实现了海量网络学术文献自动分类原型系统，系统框架如图 6-1 所示。系统由三个模块组成，分别为文献自动获取模块、矩阵处理模块和自动分类模块。文献自动获取模块从互联网上按照预定的规则和条件抓取并判定学术文献从而过滤无关文件；矩阵处理模块将学术文献转换为词—文档矩阵以便后续处理；自动分类模块将词—文档矩阵导入经过训练和本体集成的自动分类模块，最终得到分类结果。

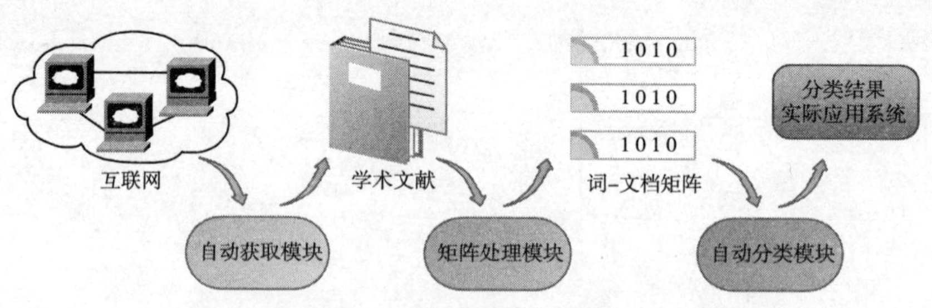

图 6-1　海量网络学术文献自动分类系统框架

一、开发环境

硬件环境：x86 计算机 6 台；配置为 Intel 奔腾 D 3.0Ghz CPU、DDR2 1G 主内存、7200 转 1T 硬盘。

系统环境：6 台计算机全部配置 Ubuntu10.04.3，其中一台使用 Windows XP SP3 组成双系统。

软件环境：Apache httpd 2.0.64(Linux)：Web 服务器；

Eclipse Juno(Windows)：Java 开发工具；

Hadoop 1.0.0(Linux)：并行处理平台；

Heritrix-1.14.4(Linux)：数据抓取平台；

Java Runtime Environment1.6.29(Windowns&Linux)：必要的 Java 运行环境；

LIBSVM(Java)：分类器；

MySQL 5.0(Linux)：数据库；

MySQL-connector5.1.6(Java)：MySQL API

PDFbox1.6.0(Java)：PDF 工具包

PHP 5.3(Linux)：网页解释引擎；

Prompt2.3.2 for Protégé 3.0(Windows)：本体集成工具；

SQLite3.7.9(Windows)：文献元数据数据库；

Sqlitejdbc-v056(Java)：SQLite API。

二、海量网络学术文献自动获取模块

在海量网络学术文献自动分类系统中，首先需要实现海量学术文献的获取，即海量网络学术文献自动获取模块的设计，模块框架如图 6-2 所示。该模块包括网络文件抓取工具 heritrix 和学术文献判定工具 CheckPDF。首先使用 Heritrix 从特定网站上抓取域名下所有的 PDF 文件，然后通过 CheckPDF 读取所有 PDF 文件，通过基于规则的判定方法识别学术文献。

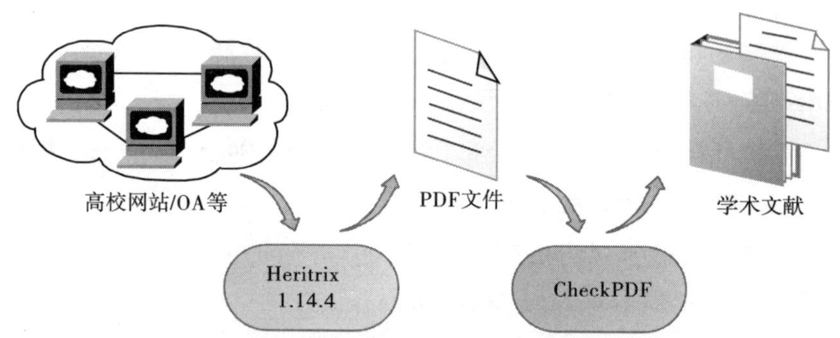

图 6-2　海量网络学术文献自动获取模块框架

在抓取工具的选择上，笔者研究分析了 Nutch、Heritirx、Jspider、Web-Harvest 等网络资源抓取平台，最终选择 Heritrix 作为抓取平台。heritrix 具有高度的可扩展性，可以保留文件原始结构和目录，并且具有一个 Web 用户界面，运行在 Linux 系统可以保证较高的抓取速度。在数据源方面，通过分析不同的目标源总结发现，著名高校网站以及部分学科门户和 OA 仓储中含有大量公开发表的学术文献，并且可以不受限制的抓取，因此确定以高校网站、OA 仓储、学科门户作为目标源，为了使结果更具代表性，还加入了会议网站和研究者个人主页。在文献格式上，考虑到后续处理的便捷性以及类型所占比例上，选定以 PDF 作为主要抓取文件类型，最终选定的目标站点见表 6-1。

表 6-1　文献抓取目标站点

编号	站点	简介	类型
1	http://www.stanford.edu/	斯坦福大学网站	高校网站
2	http://www.omicsonline.org/	Omnics 集团网站	OA 仓储
3	http://www.acm.org/	美国计算机学会网站	学科门户
4	http://www. webis. de/research/events/pan-11/	国际会议 PAN 11 年网站	会议网站

续表

编号	站点	简介	类型
5	http://www.cs.columbia.edu/~mcollins/	Michael Collins 个人主页	个人主页

在文献获取过程中，由于目标站点网络环境的不同，造成了不同站点的采集耗费时间相差较大，由于网络原因可能造成实际抓取值与PDF的实际存在数量有差距。在获取完PDF文件后，使用DirReader读取全部PDF并调用CheckPDF进行学术文献判定。最终结果统计见表6-2。

表6-2　海量网络学术文献自动获取模块结果

站点编号	PDF数量	有效文件数量	学术文献数量	采集耗时	采集时间
1	472730	260506	71793	74小时	2012-3-3
2	3245	1875	1654	2小时	2012-3-6
3	156874	87453	34512	49小时	2012-3-7
4	35	31	31	5分钟	2012-3-10
5	69	67	59	10分钟	2012-3-10
总计	632953	349932	108049	125小时	

三、海量网络学术文献词—文档矩阵处理模块

鉴于需要处理的文献数量较大，本模块采取分布式处理方式进行词频矩阵生成，最终的海量网络学术文献词—文档矩阵处理模块框架如图6-3所示。该模块包括HadoopNamenode和HadoopDatanode，其中Namenode负责并行处理的调度，Datanode负责实际的并行处理工作。学术文献首先被读入Hadoop平台，在Namenode保存一份全部文件的索引，实际文件以冗余的形式保存在至少2部Datanode上。然后通过

Namenode 调用并行处理程序完成学术文献的词—文档矩阵生成。

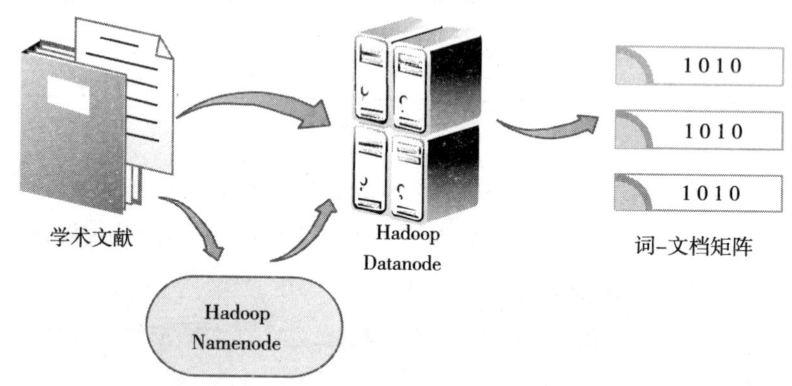

图 6-3　海量网络学术文献词—文档矩阵处理模块框架

通过分析不同分布式处理平台的优缺点，最终选定使用工业界较为常见的 Hadoop。本模块共使用 6 台计算机组成分布式处理平台，其中 NameNode 使用一台普通配置计算机，Datanode 使用 5 台部署了 Hadoop 的 x86 计算机。在前期进行数据试验，考虑到大学网站的文献类型多样性，选定使用斯坦福大学网站数据作为实验数据，分别使用 71 个、717 个、7179 个斯坦福学术文献 PDF 进行矩阵生成，选择的方式为对全部学术文献 PDF 进行编号，然后分别对 1000、100、10 进行求模运算，模为 0 者为实验文献。实验 1 共使用 71 个文献 PDF 生成的词—文档矩阵大小为 5.8MB，用时 3s；实验 2 共使用 717 个文献 PDF 生成的词—文档矩阵大小为 333.8MB，用时 15s；实验 3 共使用 7179 个文献 PDF 生成的词—文档矩阵大小为 18.8GB，用时 137s；而使用传统的单机处理方法所用时间分别为 10s、60s 和 1716s。通过对比可以看出分布式处理平台大大提高了运算效率，在真正的海量处理问题上可以发挥巨大的作用。

实验 4 对全部 108049 个文献 PDF 生成的词—文档矩阵大小为 196.7GB，用时 958s。该模块的运算具体结果见表 6-3。

表 6-3　词—文档矩阵生成结果

实验编号	文献数量	矩阵行数	矩阵列数	矩阵大小	运算耗时
1	71	71	29874	5.8MB	3 秒
2	717	717	176982	333.8MB	15 秒
3	7179	7179	745148	18.8GB	28 分 36 秒
4	108049	108049	925479	196.7GB	6 小时 35 分 23 秒

四、本体集成模块

为了对自然语言进行理解，通行的方法是使用本体库对文本进行标注和集成，本系统所设计的本体集成模块框架如图 6-4 所示。本模块的主要部件是 PROMPT，PROMPT 首先读入本体，然后分析概念之间的关系，将相同的概念进行映射，对于某一本体库中出现的特殊概念则保留，最终生成一个集成的综合本体。

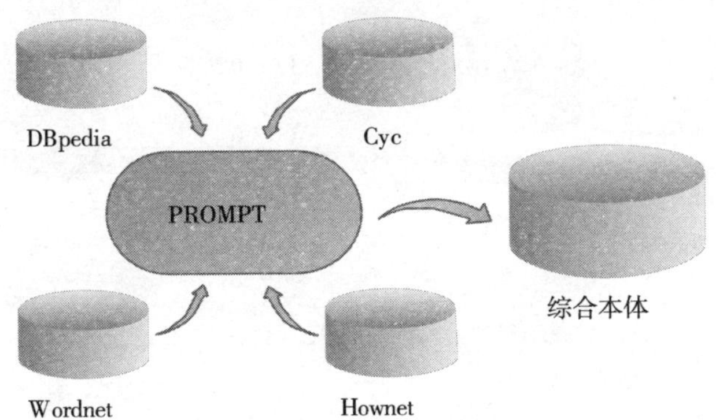

图 6-4　本体集成模块框架

在选用本体库方面，我们对比了 Wordnet、DBpedia、cyc、Hownet、TMO、UMLS Semantic Network、Gene Ontology 以及 Enterprise Ontoloy，最终选择了 Wordnet、DBpedia、cyc 以及 Hownet，这些本体库都有官方（或第三方）开发的 Java API，便于集成。

鉴于本系统需要对文件进行分类，并且无法预知目标文献的类型，采用本体集成的方法将上述本体库集成为综合本体库，此综合本体库包含了上述所有本体的信息。在本体集成工具的选择上，考察了PROMPT、OntoMerge、GLUE、OntoMap、Falcon-AO、OnMerge等本体集成工具，最终选择使用PROMPT作为本体集成工具。通过集成上述本体库，共得概念12万个，词汇数超过20万，使用RDF描述语言进行表达并设计了一套基于Java的API。

五、基于语义驱动的分类模块

基于语义驱动的分类模块是本系统的核心模块，该模块框架如图6-5所示。该模块主要包括映射系统Projector和SVM分类器。首先需要使用经过映射后的训练集对SVM分类器进行训练，训练完成后，则将SVM分类器应用于已被映射过的真实数据，最终通过分类器的判断输出分类结果。

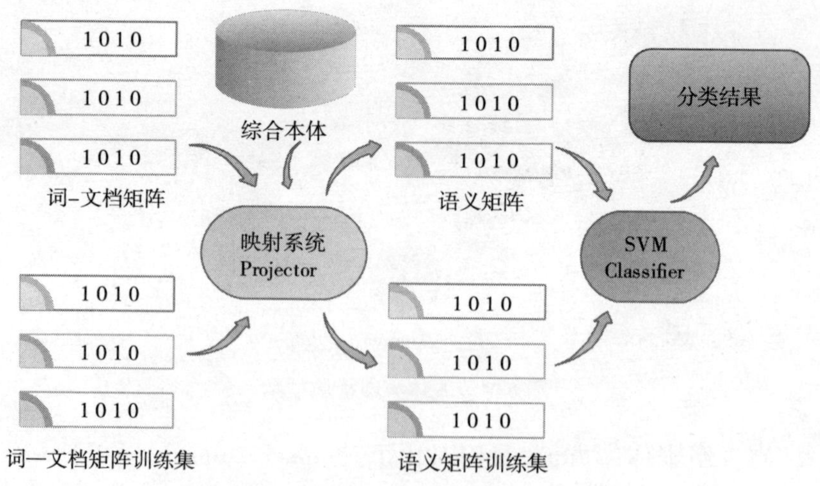

图6-5 基于语义驱动的分类模块框架

(一)分类标准设定

依据中华人民共和国教育部专业分类目录预设定的12个大类,分别是哲学、经济学、法学、教育学、文学、历史学、理学、工学、农学、医学、管理学、军事学。系统采用此标准进行文献分类。

(二)训练集

在选定了分类标准后,随即进行训练集的分类标注。笔者从斯坦福大学学术文献中随机选择了1000个文献进行人工标注并进行了矩阵映射作为分类算法的训练集,人工标注邀请了各12个学科领域的专家共10人,其中哲学、法学为同一位专家,文学和历史学为同一位专家。对全部1000个文献,每个专家进行独立的1/0判定,判定该文献是否属于特定的领域,属于为1,不属于为0,人工标注结果见表6-4。表6-4中的人工标注结果求和后大于1000的原因是其中有部分文献被判定为同时属于两个或多个学科,最终实际结果也有此现象。

(三)分类器训练

在分类时,首先将词—文档矩阵映射至语义空间,本系统在此前研究的基础上开发了基于Java的映射系统Projector。通过调用本体库的synonymy、antonymy、hyponymy、meronymy、troponymy、entrailment关系对原空间进行映射并减少冗余最终得到矩阵。1000个训练学术文献PDF和108049个学术文献PDF最终映射至语义空间大小分别为156M和87G的未分类矩阵。本模块选择SVM(支持向量机)作为分类算法,选用较成熟的LIBSVM库作为分类的Java实现。通过对比得出基于CVS(Concept Vector Space)的SVM明显优于基于WVS(Word Vector Space)的SVM进行对比,在我们的测试数据集上的结果基于CVS的SVM的F1值高于WVS的SVM。因此选用基于CVS的SVM的分类算法。对训练语义矩阵进行标注后,共训练了12个基于CVS

的 SVM 分类器,然后使用这 12 个分类器对全部学术文献 PDF 进行分类,最终结果见表 6-4。

表 6-4　分类结果

分类	人工标注结果	最终结果
哲学	36	3255
经济学	49	4352
法学	138	12533
教育学	82	7746
文学	104	9748
历史学	114	11315
理学	170	15667
工学	205	26111
农学	14	1654
医学	48	3830
管理学	118	9574
军事学	21	2263

第二节　海量网络学术文献自动分类系统实现

一、系统主要技术及标准

系统数据驱动部分采用 PHP+MySQL 技术,静态展示部分采用 DIV+CSS 技术。使用 PHP+MySQL 可以在最大化节省成本的基础上实现最高的运算效率,对于海量的数据展示有着直接的效益。而静态展示部分使用 DIV+CSS 技术,即方便了系统的二次重构,同时也有利于商业搜索引擎的索引,从而能够更容易地实现本系统的应用价值。

系统所有元数据格式采用 DC 元数据标准,使用了 Title(标题)、Creator(创作者)、Date(日期)、Format(格式)、Source(来源)。存储格式采用 RDFS。鉴于没有做文本级别的深度挖掘，因此元数据不够充足，这是今后的工作重点。

所有的学术文献的分类结果都可以通过本系统查看。本系统的分类是本系统的主要成果展示。年份数据并未作文本级别的挖掘，直接使用 PDF 的文件元数据（创建日期）。在文献展示页面可以查看文献的标题、类别、原始 URL 以及正文的摘录。在各界面都配有分面搜索功能方便用户二次检索。

二、系统功能

海量网络学术文献自动分类的结果通过网页浏览器为科研工作者提供检索服务，本系统的结构如图 6-6 所示。该系统包括三种导航模式：

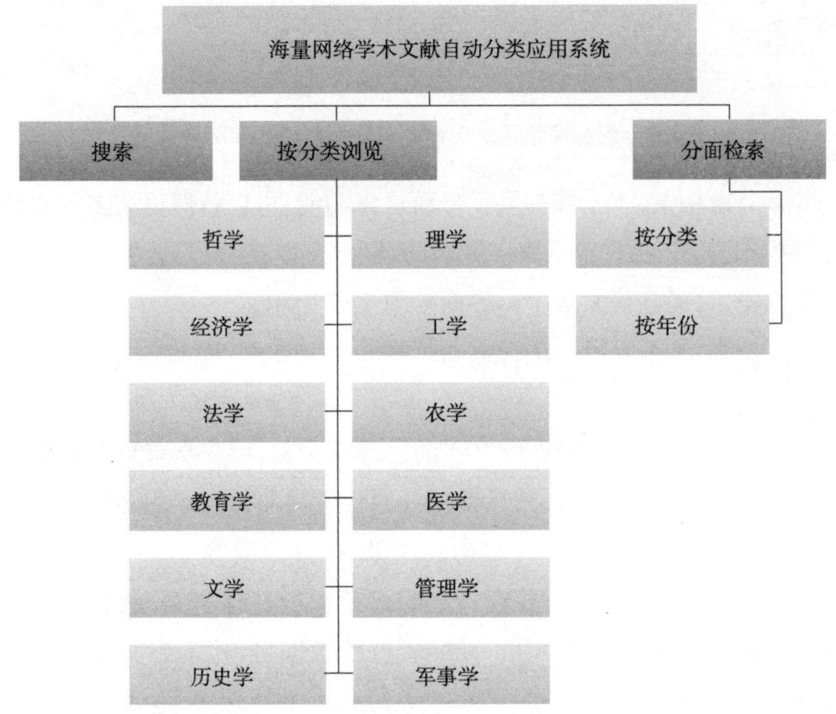

图 6-6　海量网络学术文献自动分类应用系统结构

①分类浏览：本系统可按照任一预设分类进行浏览，进入后可显示某一分类的全部文献。系统分类浏览（即首页）如图 6-7 所示。

图 6-7 海量网络学术文献自动分类系统展示平台首页

②分面检索：本系统提供了分面检索功能，可以依照论文多维属性进行检索，其中包括分类和年份，分面检索可以在首页、分类首页和搜索页面使用，提高检索效率。界面如图 6-7 所示。

③搜索：本系统可以进行标题搜索和全文搜索，检索页面可使用分面检索。

科研工作者如需查找 2000 年的管理学文献，则先从首页选择管理学，进入管理学分类首页，然后使用分面检索将年份限定为 2000 年。

如需要查找含有特定关键词的文献，例如含有为 3D Particle Path Integration 的文献，则只需要在首页的检索入口选择全文，然后在文本框中输入 3D Particle Path Integration 点检索即可，检索到的文献界面如图 6-8 所示。

图 6-8　海量网络学术文献自动分类系统展示平台内容页

本章根据课题前期研究成果实现了海量学术文献获取和自动分类原型系统。验证了前期所作研究的可行性，将海量网络学术文献的获取及并行处理模型与基于语义的文档自动分类系统结合起来，并将海量网络学术文献的自动分类系统模型呈现了出来。

海量网络学术文献自动分类系统从海量网络文献的获取、判定、并行处理、本体集成、自动分类论述了各个模块的实现过程，并给出数据，用具体实验验证了整个模型框架的实用与高效性。

第七章
总结及展望

第一节　总　结

笔者围绕着基于语义海量网络学术文献自动分类模型的设计与实现，主要研究了以下内容：

第一，网络爬虫及并行处理技术。

分析调研国内外大量基于Hadoop平台的海量数据处理技术，查阅了相关网站、会议论文、学术论文、学术专著等，对重要资料进行分析总结。从Hadoop项目及其结构，Hadoop的分布式文件系统HDFS和MapReduce这几方面对Hadoop进行了详细研究，同时介绍了Hadoop平台的广泛应用情况，通过与其他系统的比较，论述了Hadoop在处理海量数据上的优势。对典型的开源抓取工具Nutch、Heritrix、Web-Harvest和JSpider，进行了比较，得出了Heritrix在网络学术文献获取方面的优点。

第二，海量网络学术文献获取及并行处理模型的设计与实现。

研究了网络学术文献的主要来源及特点，网络学术文献的常用文件格式。从网络学术文献获取方案设计、种子站点选择、抓取任务配置、文件类型和大小过滤四部分，基于Heritrix平台对网络学术文献资源进行获取。从文件目录读取、无效文件过滤、文献特征抽取、学术文献判定这几部分，研究了对抓取到的PDF文档进行学术文献判定的思路。从文件合并与抽取、输入/输出格式设置、定义 Mapper 和 Reducer 三部分来研究网络学术文献并行处理的流程。通过搭建 Heritrix 平台和 Hadoop 机器集群,分别实现了网络学术文献的获取,学术文献的判定和学术文献并行处理,并展示了部分实现结果。

第三,集成本体库的构建。

探讨了本体集成的基本概念、过程、工具和方法,然后选择本书实现文档语义分类模型所需要用到的两个本体库——WordNet 和 SUMO 本体库,对两者的映射机制进行详细分析和研究,最后基于 PHP + MySql 架构,设计和实现了一个本体集成算法对概念向量空间构建所需用到的 WordNet 同义词集部分和 SUMO 本体概念部分的集成,形成了涵盖 WordNet 同义词集和 SUMO 本体概念之间一一映射关系的集成本体库。这种只针对具体领域中的具体应用所进行的本体集成方式,大大降低了大型本体库之间集成的复杂性和难度,减少了本体集成的工作量,并且集成结果的应用效果非常好。

第四,文档语义分类模型的设计和实现。

首先分析和探讨了文档自动分类和文档语义分类的现状、概念、原理、过程和方法。然后针对传统文档自动分类和目前文档语义分类方法中存在的问题,基于涵盖 WordNet 同义词集和 SUMO 本体概念之间一一映射关系的集成本体库,设计和实现了一个映射算法将传统词向量空间中相互独立的具体词汇映射成 WordNet 同义词集,进而映射成抽象程度更高、语义专指性更强的概念,形成低维的、语义丰富的概念向量空间,并对概念向量空间进行消重、概念通用化操作。最后详细分析和探讨了文档语义分类模型训练和测试的过程,并利用支持向量机分类算法对传统词向量空间表示的文档和我们构建的概念向量空间表示的文档进行分类实验与评估。实验结果表示,使概念向量空间作为文档表示模型,向量空间维度更低,分类速度更快和分类性能更高。

第二节　展　望

虽然本书实现了基于语义的海量网络学术文献自动分类，但是仍然存在一些问题需要进行下一步更深入的研究：

第一，网络学术文献资源获取部分在更多的数据集上从不同站点选取数据集，进行网络学术文献的并行处理研究，改善并行处理模型的性能和效率，使用更多的分类算法进行实验验证和评估，从而更大程度地改进文档语义分类模型的性能。

第二，对 Apache 的 Hadoop 项目及其各个相关项目，进行更深入、更全面、更广泛的研究。虽然 Hadoop 最出名的是分布式文件系统 HDFS 和 MapReduce，但是还有其他项目提供的配套服务和补充性的服务。对目前国际上主流的 Java 语言设计的开源数据挖掘软件 RapidMiner 的功能模块和代码进行详细分析和研究，并基于 Java 语言对本体集成和概念向量空间构建算法进行改进和提高，集成入 RapidMiner 软件中的分类算法中，成为 RapidMiner 软件中的一个功能模块，使基于 WordNet 和 SUMO 本体集成的文档语义分类模型不至于在两个平台中进行分类实验。

第三，进一步研究基于语义海量网络学术文献自动分类技术的应用领域，并详细分析和研究海量网络学术文献获取及并行处理技术和语义分类技术在相关领域如文本分类，数据挖掘、语义检索、邮件过滤、个性化信息推荐等领域中的应用原理、技术和方法，并将此技术应用于这些领域的具体实践中。

第四，本文最后实现的词—文档矩阵是一个高维稀疏的大矩阵，维度过高不但使得计算代价很高，占用过多的内存空间，增加了处理的时间，还会影响到对文本重要信息的抽取。在今后的研究过程中，文档预处理后，将增加特征选择模块，去除冗余特征，保留对文档内容具有较高价值的特征词,从而降低文档的矩阵维度。

第五,进行文档语义分类模型的层次分类研究。层次分类更符合实际文档的分布,满足实际应用的需要,然而目前大多数文档分类研究主要针对平面分类,对层次分类的研究很少,因此有必要对文档语义分类模型进行改进和提高,将其应用于文档的层次分类中。文档语义分类模型中基于本体建立的概念向量空间,加上本体丰富的概念语义关系和清晰的层次结构,比较适合进行文档的层次分类研究。

第六,由于目前海量网络学术文献自动分类技术研究刚刚起步,大部分是利用英文文档进行文档语义分类的实验和评估,针对中文的较少,本文的研究也主要针对英文,在之后的研究中应尝试应用于中文领域。

附 录 A

/ * 该程序的作用:用户输入一个路径,程序自动读取目录中所有的 pdf 文件, * 并且将这些文件的相关信息(例如大小、路径)写入数据库。

```
*/
import java.io.File;
import java.sql. * ;
import java.util.Scanner;
import java.util.regex.Matcher;
import java.util.regex.Pattern;

public class DirReader {
public static void main(String[ ] args){
DirReader dr = new DirReader( );
dr.enterPath( );
long a = System.currentTimeMillis( );//记录程序运行的初始时刻
dr.DBOpen( );
dr.listAllFiles(FILETYPE);
dr.DBClose( );
System.out.printf("Time elapsed:%d millisecond\n",
System.currentTimeMillis( )-a);//输出剩余时间 Time elapsed
```

```
}
//该方法用来获取用户的输入路径
private void enterPath() {
System.out.println("Please enter the file path:");
Scanner sc = new Scanner(System.in);
filePath = sc.next();
File pathExist = new File(filePath);
while(! pathExist.exists()) {
System.out.println(filePath + " does not exist!");
filePath = sc.next();
pathExist = new File(filePath);
}
}
//该方法用来打开数据库
private void DBOpen() {
try {
Class.forName("org.sqlite.JDBC");
conn = DriverManager.getConnection("jdbc:sqlite:" + dbPath);
prep = conn.prepareStatement("insert into pdflist(filepath,length)
values(?,?);");
} catch(Exception e) {
e.printStackTrace();
}
}
//该方法用来关闭数据库
private void DBClose() {
try {
```

```
conn.setAutoCommit(false);
prep.executeBatch();
conn.setAutoCommit(true);
prep.close();
conn.close();
System.out.printf("Number of files:%d\n",totalfile);
System.out.printf("Number of %s files:%d\n",FILETYPE,
totalspecial);
System.out.printf("All the name of %s files have been inserted in
to %s\n",FILETYPE,dbPath);
} catch(Exception e){
}
}
//该方法用来将文件信息写入到数据库
private void insertRec(String filepath,long length){
try {
prep.setString(1,filepath);
prep.setLong(2,length);
prep.addBatch();
} catch(Exception e){
e.printStackTrace();
}
}
//该方法遍历所有文件,识别出 pdf 文件并且调用 insertRec 将文
件信息
写入数据库
private void listAllFiles(String fileType){
```

```
refreshFileList(filePath,fileType);
}
//该方法为递归读取所有文件夹
public void refreshFileList(String strPath,String fileType){
Pattern pt = Pattern.compile(".*" + fileType + "$");
File dir = new File(strPath);
File[] files = dir.listFiles();
if(files == null)
return;
for(int i = 0;i < files.length;i++){
if(files[i].isDirectory()){
System.out.printf("%s [%d files]\n",files[i].getAbsolutePath(),
files.length);
refreshFileList(files[i].getAbsolutePath(),fileType);
} else {
totalfile++;
String strFileName = files[i].getAbsolutePath();
Matcher m = pt.matcher(strFileName);
if(m.matches()){
totalspecial++;
insertRec(strFileName,files[i].length());
}
}
}
}
//确定文件类型
private static final String FILETYPE = "pdf";
```

```
//数据库设置
private static final String dbPath = "/home/kang/workspace/Check-
PDF/pdf.db";
private String filePath;
private Connection conn;
private PreparedStatement prep;
//统计所有文件数量
private int totalfile = 0;
//统计 pdf 文件数量
private int totalspecial = 0;
}
```

附 录 B

```
/*
 * 该程序的作用:从数据库中读取所有的文件路径,依次对这些文件进行学术
 * 文献判定,并根据判定结果输出不同的文本文件。
 */
/*
 * 该程序使用 SQLite 数据库,数据库包含一个表 pdflist,表内每条记录记为
 * 一个 PFlie,每个 PFile 有 5 个字段:文件号 id、文件路径 filepath、文件大
 * 小 length、文件中包含的各个具体的判定词 keywordstring 和所有判定词的数 * 量 keywords,其中 id 字段为主键。
 */
import java.io.*;
import java.sql.*;

import org.sqlite.JDBC;
import java.util.ArrayList;
import java.util.Scanner;
import java.util.regex.*;
```

```
import org.apache.pdfbox.pdmodel.PDDocument;
import org.apache.pdfbox.util.PDFTextStripper;

public class CheckPDF {
public static void main(String[] args){
CheckPDF ck = new CheckPDF();
ck.DBOpen();
ck.doCheck();
ck.printResult();
ck.DBClose();
}
//构造方法(构造函数),初始化一个 PDFTextStripper 对象
public CheckPDF(){
try {
pdfStripper = new PDFTextStripper();
} catch(IOException e){
            //输出错误信息
System.out.println("PDFTextStripper Error");
}
}
/*
 *该程序对给定的 PDF 文件,进行学术文献判定,并根据判断结果的不同,*按照指定的输出路径和后缀输出不同的文本文件,满足判定条件的,输出
 *后缀名为.text 的文件,不满足判定条件的输出后缀名为.nodoc 的文件。
 */
```

```
private void checkKeywords( PFile pfile) {
pfile.openFile( ) ;
String str = getFromPdf( pfile) ;
int keyCount = 0;//记录判定词个数
StringBuilder keywordString = new StringBuilder( “ ” ) ;
if( str! = null) {
str = str.toLowerCase( ) ;
if( str.indexOf( “abstract” ) ! =-1) {
keyCount++;
keywordString.append( “ abstract ” ) ;//若
}
if( str.indexOf( “ reference” ) ! =-1) {
keyCount++;
keywordString.append( “ reference ” ) ;
}
if( keyCount == 2) {
// 当 abstract 和 reference 没有出现,跳过剩余判断,直接返回 key-
Count 结果
if( str.indexOf( “ keywords” )   ! =-1) {
keyCount++;
keywordString.append( “ keywords ” ) ;
}
if( str.indexOf( “ introduction” ) ! =-1) {
keyCount++;
keywordString.append( “ introduction ” ) ;
}
if( str.indexOf( “ discussion” ) ! =-1) {
```

```
keyCount++;
keywordString.append("discussion ");
}
if(str.indexOf("acknowledgement")! =-1){
keyCount++;
keywordString.append("acknowledgement ");
}
if(str.indexOf("conclusion")! =-1){
keyCount++;
keywordString.append("conclusion ");
}
}
}
if(keyCount >= 2){
writeToTxt(str,pfile.getFilePath(),true);
} else {
writeToTxt(str,pfile.getFilePath(),false);
}
pfile.setKeywords(keyCount);
pfile.setKeywordString(keywordString.toString());
pfile.closeFile();
}
//该方法用来提取 pdf 中的文本内容
private String getFromPdf(PFile pfile){
String text = null;
try {
pdd = PDDocument.load(pfile.getFile());
```

```
text = pdfStripper.getText(pdd);
pdd.close();
} catch(Exception e){
System.out.println(pfile.getFile().getAbsolutePath());
// e.printStackTrace();
}
return text;
}
//该方法为程序主体框架,调用其他方法完成程序的主要功能
private void doCheck(){
DBtoArray();
recordCount=fileList.size();//记录总文件数量,用于统计未处理
文件
数量
startMillis=System.currentTimeMillis();//记录程序初始时间刻度,
以计
算消耗时间
for(int i = 0;i < fileList.size();i++){
if(fileList.get(i).getLength()>= MAX_LENGTH_OF_FILE){
        invalidNumber++;//记录采集时被截断的无效文件数量
        fileList.get(i).setKeywords(0);//将无效文件判定词数置
为0
} else {
  validNumber++;//记录可以打开的有效文件数量
  checkKeywords(fileList.get(i));//调用关键词判定程序
  if(fileList.get(i).getKeywords()>= 2){
docuNumber++;//记录符合判定条件的学术文献数量
```

```
}
processedLength+=fileList.get(i).getLength();//记录已处理
文件总大小,用于统计剩余处理时间
}
try {
smup.executeUpdate("update pdflist set keywords="
+ fileList.get(i).getKeywords()+",keywordstring="
+ fileList.get(i).getKeyordString()+" where id="
+ fileList.get(i).getId()+";");//更新数据库记录
} catch(Exception e){
System.out.println("DB Update Error");
// e.printStackTrace();
}
if(i % 10 ==0){
// timeElapsed 用于记录已消耗时间,timeRemained 用于记录剩余
处理时间
int timeElapsed = (int)((System.currentTimeMillis() -
startMillis)/ 1000);
int timeRemained =(int)((double)timeElapsed
/(double)processedLength * (totalLength-processedLength));
System.out.printf("File Processed:%-4d Remained:%-4d
Time Elapsed:%-4ds Remained:%-4ds\n",
i + 1,recordCount-i-1,timeElapsed,timeRemained);
}
}
}
//将数据库中的文件信息读取到一个数组列表中,该数组列表会
```

被后续方法调用

```
private void DBtoArray( ) {
int i = 0;
try {
rs = smrs.executeQuery ("SELECT * FROM pdflist where keywords
=-1");
while(rs.next( )&& i++ < batchNumber) {
int id = rs.getInt("id");
String filepath = rs.getString("filepath");
long length = rs.getLong("length");
fileList.add(new PFile(id,filepath,length));
// 统计大小在 MAX_LENGTH_OF_FILE 以内的所有文件总和
if(length < MAX_LENGTH_OF_FILE) {
totalLength += length;
}
}
rs.close( );
} catch(Exception e) {
System.out.println("Can not do SELECT * FROM");
// e.printStackTrace( );
}
}
```

//该方法首先删除所传入文本内容的所有换行和回车,然后按照指定的输出

路径和后缀将文本输出成一个文件

```
private void writeToTxt ( String str, String filepath, boolean is-
Document) {
```

```
String txtFilepath;
if( isDocument) {
        //满足判定条件,则输出后缀名为.text 的文本文件
  txtFilepath = filepath. substring ( 0, filepath. length ( ) -4 ). concat
(output FileType);
} else {
        //不满足判定条件,则输出后缀名为.nodoc 的文本文件
txtFilepath = filepath.substring(0,filepath.length()-4).concat(out-
put
FileTypeNoDoc);
}
try {
FileWriter fw = new FileWriter(txtFilepath);
BufferedWriter bw = new BufferedWriter(fw);
bw.write(str.replaceAll("\\n|\\r",""));
} catch(Exception e){
e.printStackTrace();
}
}
  //输出文献数量,有效文件数量和无效文件数量
public void printResult(){
System. out. printf (" Document  File:% d  Valid  File:% d, Invalid
File:%d\n",
docuNumber,validNumber,invalidNumber);
}
//打开数据库
private void DBOpen(){
```

```
try {
Class.forName("org.sqlite.JDBC");
conn = DriverManager.getConnection("jdbc:sqlite:" + dbPath);
smrs = conn.createStatement();
smup = conn.createStatement();
} catch(Exception e){
System.out.println("Can not open the DB");
// e.printStackTrace();
}
}
//关闭数据库
private void DBClose(){
try {
smrs.close();
smup.close();
conn.close();
} catch(Exception e){
System.out.println("Can not close the DB");
// e.printStackTrace();
}
}
```

//获得文件号 id、文件路径 filepath、待判定文件中包含的判定词数量 keywords、

待判定文件中包含的具体判定词 keywordstring 和文件大小 length

```
class PFile {
public PFile(int id,String filePath,long length){
this.filePath = filePath;
```

```
this.id = id;
this.length = length;
}
public String getFilePath() {
return filePath;
}
public File getFile() {
return file;
}
public int getId() {
return id;
}
public int getKeywords() {
return keywords;
}
public long getLength() {
return length;
}
public String getKeyordString() {
return keywordString;
}
public void setKeywords(int keywords) {
this.keywords = keywords;
}
public void setKeywordString(String str) {
this.keywordString = str;
}
```

```
public void openFile(){
this.file = new File(filePath);
}
public void closeFile(){
this.file = null;
}
private String filePath = null;
private int id = 0;
private int keywords = 0;
private long length = 0;
private File file = null;
private String keywordString = null;
}
//超过该大小的文件则剔除
private static final long MAX_LENGTH_OF_FILE = 1048000;
//数据库目录和数据库名
private static final String dbPath = "/home/kang/CheckPDF/pdf.db";
private ArrayList<PFile> fileList = new ArrayList<PFile>();
private Connection conn;
private Statement smrs;
private Statement smup;
private PreparedStatement ps;
private ResultSet rs;
private PDFTextStripper pdfStripper;
private PDDocument pdd;
//每次处理的文件数量
```

```
private int batchNumber = 999999;
//总文件数量
private int recordCount = 0;
//程序开始处理的时间刻度
private long startMillis = 0;
//记录判定出的文献数量
private int docuNumber = 0;
//有效文件数量,指可以打开的所有文件
private int validNumber = 0;
//无效文件数量,指采集时被截断的文件数量
private int invalidNumber = 0;
//所有文件总大小,用于统计剩余时间
private long totalLength = 0;
//已处理文件总大小,用于统计剩余时间
private long processedLength = 0;
    //满足判定条件,则输出后缀名为.text 的文本文件
private String outputFileType =“.text”;
    //不满足判定条件,则输出后缀名为.nodoc 的文本文件
private String outputFileTypeNoDoc =“.nodoc”;
}
```

附 录 C

/*

*该程序作用:用户输入一个目录(即附录 A 读目录程序 DirReader 运行时输*入的目录),程序自动读取目录中所有的.text 文件(也可能是取样,即取总

*数的 1/2,1/10,等等),并且将这些文件分别合并成一个 hadoop 可以处理

*的文件。

*/

```
import java.io. * ;
import java.util.ArrayList;
import java.util.Scanner;
import java.util.regex.Matcher;
import java.util.regex.Pattern;

public class TxtCombine {
public static void main(String[ ] args) {
TxtCombine combiner = new TxtCombine( );
combiner.enterPath( );
long a = System.currentTimeMillis( );//记录程序运行的初始时刻
combiner.listAllFiles(FILETYPE);
```

```
combiner.toOneFile( ) ;
System.out. printf ( " Time  elapsed : % d  millisecond \ n " , System. cur-
rentTime
Millis( ) -a) ;
}
//该方法用来获取用户输入的路径,即需要扫描 pdf 文件的母文
件夹
private void enterPath( ) {
System.out.println( " Please enter the file path : " ) ;
Scanner sc = new Scanner( System.in) ;
filePath = sc.next( ) ;
File pathExist = new File( filePath) ;
while( ! pathExist.exists( ) ) {
System.out.println( filePath + " does not exist! " ) ;
filePath = sc.next( ) ;
pathExist = new File( filePath) ;
}
}
    //该方法遍历所有文件,识别出 pdf 文件并且调用 insertRec
将文件信息
写入数据库
//该方法实质为调用递归方法 refreshFileList, 任务由 refresh-
FileList 完成
private void listAllFiles( String fileType) {
filepath = new ArrayList<String>( ) ;
refreshFileList( filePath,fileType) ;
}
```

```
//该方法递归读取所有文件夹
public void refreshFileList(String strPath,String fileType){
Pattern pt = Pattern.compile(".*" + fileType + "$");
File dir = new File(strPath);
File[] files = dir.listFiles();
if(files == null)
return;
for(int i = 0;i < files.length;i++){
if(files[i].isDirectory()){
System.out.printf("%s [%d files]\n",
files[i].getAbsolutePath(),files.length);
refreshFileList(files[i].getAbsolutePath(),fileType);
} else {
totalfile++;
String strFileName = files[i].getAbsolutePath();
Matcher m = pt.matcher(strFileName);
if(m.matches()){
totalspecial++;
if(++currentn % EVERYNTH == 0){
filepath.add(strFileName);
}
}
}
}
}
```

//该方法为每个符合条件的文件编号，然后提取该文件内容，并输出成“文件编号\t 文本内容”这样的格式，输出的文件路径为常

量 OUTPUTPATH

//该方法还会输出一个“编号—文件”对应列表，该列表文件路径为常量 OUTPUTPATH 加上“_list”

```
private void toOneFile( ) {
int i = 0;
FileReader fr = null;
BufferedReader br = null;
FileWriter fw = null;
PrintWriter pw = null;
FileWriter listfw = null;
PrintWriter listpw = null;
String str = null;
try {
fw = new FileWriter( OUTPUTPATH) ;
listfw = new FileWriter( OUTPUTPATH + "_list") ;
pw = new PrintWriter( fw) ;
listpw = new PrintWriter( listfw) ;
} catch( Exception e) {
e.printStackTrace( ) ;
}
while( i < filepath.size( ) ) {
try {
fr = new FileReader( filepath.get( i) ) ;
br = new BufferedReader( fr) ;
str = br.readLine( ) ;
fr.close( ) ;
} catch( Exception e) {
```

```
e.printStackTrace();
}
        //输出"文件编号\t 文本内容"的格式
pw.printf("%d\t%s",i,str);
pw.println();
pw.flush();
       //输出"编号—文件"对应列表
listpw.printf("%d\t%spdf\r",i,filepath.get(i).substring(
  0,filepath.get(i).length()-FILETYPE.length()));
if(i++ % 10 == 0){
System.out.println(i + "/" + filepath.size());
}
}
try {
fw.close();
pw.close();
listfw.close();
listpw.close();
} catch(Exception e){
e.printStackTrace();
}
}
  //确定文件类型
private static final String FILETYPE = "text";
  //设置文件的输出路径
private static final String OUTPUTPATH = "/home/kang/output-
data/every1";
```

```
private ArrayList<String> filepath;
private String filePath;
  //所有 pdf 文件数量
private int totalfile = 0;
  //所有文献数量
private int totalspecial = 0;
//取样参数,当值为 1 时表示全部使用,>1 时表示每 EVERYNTH
个文件
取一个,例如设为 2 时则每两个文件取一个,即取总数的 1/2
private static int EVERYNTH = 1;
  //记录.text 文件数量,当文件数量是取样参数的整数倍时,即把
该文件抽
取出来
private int currentn = 0;
}
```

附 录 D

```
import java.io. * ;
import java.util.HashSet;
import java.util.Iterator;
import java.util.Scanner;
import java.util.regex.Pattern;

import org.apache.hadoop.conf.Configuration;
import org.apache.hadoop.conf.Configured;
import org.apache.hadoop.fs.Path;
import org.apache.hadoop.io.IntWritable;
import org.apache.hadoop.io.Text;
import org.apache.hadoop.mapred.FileInputFormat;
import org.apache.hadoop.mapred.FileOutputFormat;
import org.apache.hadoop.mapred.JobClient;
import org.apache.hadoop.mapred.JobConf;
import org.apache.hadoop.mapred.KeyValueTextInputFormat;
import org.apache.hadoop.mapred.MapReduceBase;
import org.apache.hadoop.mapred.Mapper;
import org.apache.hadoop.mapred.OutputCollector;
import org.apache.hadoop.mapred.Reducer;
```

```
import org.apache.hadoop.mapred.Reporter;
import org.apache.hadoop.mapred.TextOutputFormat;
import org.apache.hadoop.util.Tool;
import org.apache.hadoop.util.ToolRunner;

public class IncidenceMatrix extends Configured implements Tool {
static HashSet<String> stopwords = new HashSet<String>( );//停用词集合
    //初始化停用词表
        public static void init_SW( ){
stopwords.clear( );
String stopwordList =
"a,about,above,across,after,afterwards,again,against,all,almost,alone,along,already,also,although,always,am,among,amongst,amoungst,amount, an, and, another, any, anyhow, anyone, anything, anyway,anywhere,are,around,as,at,back,be,became,because,become,becomes,becoming,been,before,beforehand,behind,being,below,beside,besides,between,beyond,bill,both,bottom,but,by,call,can,cannot,cant,co,computer,con, could, couldnt, cry, de, describe, detail, do, done, down, due,during,each,eg,eight,either,eleven,else,elsewhere,empty,enough,etc,even,ever,every,everyone,everything,everywhere,except,few,fifteen,fify,fill,find,fire,first,five,for,former,formerly,forty,found,four,from,front,full, further, get, give, go, had, has, hasnt, have, he, hence, her, here,hereafter, hereby, herein, hereupon, hers, herself, him, himself, his, how,however,hundred, i, ie, if, in, inc, indeed, interest, into, is, it, its, itself,keep,last,latter,latterly,least,less,ltd,made,many,may,me,meanwhile,might,mill,mine,more,moreover,most,mostly,move,much,must,my,my-
```

self, name, namely, neither, never, nevertheless, next, nine, no, nobody, none, noone, nor, not, nothing, now, nowhere, of, off, often, on, once, one, only, onto, or, other, others, otherwise, our, ours, ourselves, out, over, own, part, per, perhaps, please, put, rather, re, same, see, seem, seemed, seeming, seems, serious, several, she, should, show, side, since, sincere, six, sixty, so, some, somehow, someone, something, sometime, sometimes, somewhere, still, such, system, take, ten, than, that, the, their, them, themselves, then, thence, there, thereafter, thereby, therefore, therein, thereupon, these, they, thick, thin, third, this, those, though, three, through, throughout, thru, thus, to, together, too, top, toward, towards, twelve, twenty, two, un, under, until, up, upon, us, very, via, was, we, well, were, what, whatever, when, whence, whenever, where, whereafter, whereas, whereby, wherein, whereupon, wherever, whether, which, while, whither, who, whoever, whole, whom, whose, why, will, with, within, without, would, yet, you, your, yours, yourself, yourselves";

```
    Scanner sc = new Scanner(stopwordList);
    sc.useDelimiter(",");
    while(sc.hasNext()){
    stopwords.add(sc.next());
    }
    }
      //Map 函数
    public static class MapClass extends MapReduceBase implements
       Mapper<Text,Text,Text,IntWritable> {
            public void map(Text key,Text value,
    OutputCollector<Text,IntWritable> output,Reporter reporter)
    throws IOException {
```

```
String terms = value.toString( ) ;
Scanner sc = new Scanner( terms) ;
sc.useDelimiter( Pattern.compile( "[^a-zA-Z-]" ) ) ;
while( sc.hasNext( ) ) {
String word = sc.next( ).toLowerCase( ) ;
if( word.length( )> 1 &&! stopwords.contains( word) ) {
output.collect( new Text( word) ,
new IntWritable( Integer.parseInt( key.toString( ) ) ) ) ;
}
}
}
}
    //Reduce 函数
public static class Reduce extends MapReduceBase implements
Reducer<Text,IntWritable,Text,Text> {
Integer[ ] termsCount = new Integer[74];// 定义文档总数
public void reduce( Text key,Iterator<IntWritable> values,
OutputCollector<Text,Text> output,Reporter reporter)
throws IOException {
StringBuilder termVector = new StringBuilder( ) ;
for( int i = 0;i < termsCount.length;i++) {
termsCount[i] = 0;
}
while( values.hasNext( ) ) {
int DocID = Integer.parseInt( values.next( ).toString( ) ) ;
termsCount[ DocID] = termsCount[ DocID] + 1;
}
```

```
for(int i = 0;i < termsCount.length;i++){
termVector.append(termsCount[i].toString());
if(i! = termsCount.length-1){
termVector.append(",");
}
}
output.collect(key,new Text(termVector.toString()));
}
}
@ Override
public int run(String[] args)throws Exception {
init_SW();
Configuration conf = getConf();
        //配置作业名
JobConf job = new JobConf(conf,IncidenceMatrix.class);
Path in = new Path(args[0]);
Path out = new Path(args[1]);
        //配置作业各个类
FileInputFormat.setInputPaths(job,in);
FileOutputFormat.setOutputPath(job,out);
job.setJobName("IncidenceMatrix");
job.setMapperClass(MapClass.class);
job.setReducerClass(Reduce.class);
job.setInputFormat(KeyValueTextInputFormat.class);
job.setOutputFormat(TextOutputFormat.class);
job.setOutputKeyClass(Text.class);
job.setOutputValueClass(Text.class);
```

```
job.setMapOutputKeyClass(Text.class);
job.setMapOutputValueClass(IntWritable.class);
JobClient.runJob(job);
return 0;
}
public static void main(String[] args)throws Exception {
int res = ToolRunner.run(new Configuration(),new IncidenceMatrix
(),
args);
System.exit(res);
}
}
```

参考文献

[1]Alessandro Zanasi.Text Mining and its Applications[M].Southampton:WIT Press,2005:109-129.

[2]Bloehdorn,Stephan;Hotho,Andreas.Boosting for text classification with semanticfeatures[J]. Lecture Notes in Computer Science, v 3932 LNAI, pp. 149-166,2006.

[3]About Apache Nutch[EB/OL].[2011-09-22].http://nutch. apache. org/about.html.

[4]Introduction to Nutch, Part 1: Crawling[EB/OL].[2011-09-22]. http://today.java.net/pub/a/today/2006/01/10/introduction-to-nutch-1.html.

[5]Introduction to Nutch, Part 2: Searching[EB/OL].[2011-09-22]. http://today.java.net/pub/a/today/2006/02/16/introduction-to-nutch-2.html

[6]Mohr G,Stack M,Ranitovic I,et al.An Introduction to Heritrix:An Open SourceArchival Quality Web Crawler[C].In:Proceedings of the 4th International Web ArchivingWorkshop(IWAW'04),Bath UK,Internet Archive,USA,2004.

[7]Heritrix: Internet Archive Web Crawler.[2011-11-10].http://sourceforge.net/projects/archive-crawler/files/.

[8]Web-Harvest[EB/OL].[2012-09-20].http://web-harvest. sourceforge. net/index.php.

[9]JSpider User Manual[EB/OL].[2012-09-20].http://j-spider. sourceforge.net/.

[10]Nutch[EB/OL].[2011-09-29].http://wiki.apache.org/nutch/.

[11] DougCutting. Nutch, Open-SourceWeb Search[EB/OL]. [2011-09-29]. http://wiki. apache. org/nutch-data/attachments/Presentations/attachments/www2004.pdf.

[12]徐健、张智雄:《基于 Nutch 的 Web 网站定向采集系统》,《现代图书情报技术》2009 年第 4 期。

[13] SETI@ home [EB/OL]. [2011-10-26]. http://setiathome. berkeley. edu/sah_about.php.

[14] Welcome to Apache™ Hadoop™! [EB/OL]. [2011-09-20]. http://hadoop.apache.org/.

[15]陆嘉恒:《Hadoop 实战》,机械工业出版社 2011 年版。

[16] Apache Hbase[EB/OL]. [2012-02-26]. http://hbase.apache.org/.

[17] Apache Avro™ 1.6.2 Documentation [EB/OL]. [2012-02-26]. http://avro.apache.org/docs/ current/.

[18] Welcome to Chukwa! [EB/OL]. [2012-02-26]. http://incubator. apache.org/chukwa/.

[19] The Hive Project[EB/OL]. [2012-02-27]. http://hive.apache.org/.

[20] Welcome to Apache Pig! [EB/OL]. [2012-02-27]. http://pig. apache.org/.

[21] Mahout[EB/OL]. [2012-02-27]. http://mahout.apache.org/.

[22] Apache ZooKeeper [EB/OL]. [2012-02-27]. http://zookeeper. apache.org/.

[23] Cassandra [EB/OL]. [2012-02-27]. http://cassandra.apache.org/.

[24]朱珠:《基于 Hadoop 的海量数据处理模型研究和应用》,硕士学位论文,北京邮电大学,2008 年。

[25] HDFS Architecture Guide [EB/OL]. [2012-02-27]. http://hadoop.apache.org/common/docs/current/hdfs_design.html.

[26] White T. Hadoop: The Definitive Guide[M]. O'Reilly Media, 2009.

[27] Dean J, Ghemawat S. MapReduce: Simplified Data Processing on Large

Clusters[C].In:Proceedings of 6th Symposium on Operating System Design and Implementation(OSDI 2004).San Francisco,California,USA,USENIX Association,2004:137-150.

[28]Hadoop Streaming [EB/OL].[2011-12-23].http://hadoop.apache.org/common/docs/r0.15.2/streaming.html.

[29]Package org.apache.hadoop.mapred.pipes[EB/OL].[2011-12-23].http://hadoop.apache.org/common/docs/current/api/org/apache/hadoop/mapred/pipes/package-summary.html.

[30]Leo S, Zanetti G. Pydoop: a Python MapReduce and HDFS API for Hadoop. In: Proceedingsof the 19th ACM International Sysposium on High Performance Distributed Computing, ser. HPDC' 10. New York, NY, USA, ACM, 2010:819-825.

[31]Pydoop [EB/OL].[2011-12-26].http://sourceforge.net/projects/pydoop/.

[32]Lam C.Hadoop in Action[M].Shelter Island,NY 11964:Manning Publications Co.,2010.

[33] Publications [EB/OL].[2010-5-14].http://www.ontologyportal.org/Pubs.html#FOIS.

[34]Ahrens K,Chung S F and Huang C R.From Lexical Semantics to Conceptual Metaphors:Mapping Principle Verification with WordNet and SUMO(C).In:Proceedingsof the 5th Chinese Lexical Semantics Workshop(CLSW-5),Singapore,2004:99-106.

[35]de Bruijn J,Ehrig M,Feier C,et a1.Ontology mediation,merging and aligning[C].Davies J,Studer R,Warren P,eds.Semantic Web Technologies:Trends and Rcsearch in ontology-based Systems,Wiley,UK,2006.

[36]于娟、党延忠:《本体集成研究综述》,《计算机科学》2008 年第 7 期。

[37] Bouquet P, Ehrig M, Euzenat J, et a1. Specification of a cornmon framework for.

[38] characterizing alignment [EB/OL]. [2006 - 10 - 13]. http://knowledgeweb.semanticweb.org/.

[39] semanticportal/deliverables/D2. 2. 1v2.pdf. 2006.

[40] Euzenat J, Bach T L, Barrasa J, et a1.D2. 2. 3: State of the art on ontology alignment[EB/OL]. [2006 - 11 - 9]. http://starlab. vub. ac. be/research/projects/knowledgeweb/kweb-223.pdf.

[41] 卢胜军、李法勇、钱建军等:《WCONS+:一种基于 WCONS 的本体集成方法》,《现代图书情报技术》2009 年第 2 期。

[42] 叶军、王磊:《一种基于粗糙集和层次分析法的综合评价方法研究》,《计算机应用研究》2010 年第 7 期。

[43] 廉正、张永庆、邵永恒等:《基于模糊综合评价法的高校专利综合实力评价》,《商业时代》2009 年第 3 期。

[44] 林晓华:《运用德尔菲法建立高校文献招标评价体系的研究》,《图书与情报》2010 年第 2 期。

[45] 徐国虎:《本体构建工具的分析与比较》,《图书情报工作》2006 年第 1 期。

[46] 张忠平、田淑霞、刘洪强:《一种综合的本体相似度计算方法》,《计算机科学》2008 年第 12 期。

[47] Jena-A Semantic Web Framework for Java [EB/OL]. [2010 - 12 - 1]. http://jena.sourceforge.net/.

[48] welcome to protégé[EB/OL].[2010-1-1].http://protege.stanford.edu/.

[49] OntoStudio [EB/OL]. [2010 - 1 - 1]. http://semanticweb. org/wiki/OntoStudio.

[50] Salton G. Introduction to Modern Information Retrieval [M]. New York: McGrawHill BookCo., 1983: 1-40.

[51] G.Stumme, R.Taouil, Y.Bastide, N.Pasquier, L.Lakhal. Fast computation of concept lattices using data mining techniques. *Proc. KRDB' 00*, http://sunsite.informatik.rwth-aachen.de/Publications/CEURWS/, 129-139.

[52]Subclass Hierarchy Tree[EB/OL].[2010-4-28].http://virtual.cvut.cz/kifb/en/toc/229.html.

[53]Suggested Upper Merged Ontology(SUMO)[EB/OL].[2010-4-28].http://www.ontology-portal.org/.

[54]Standard Upper Ontology Knowledge Interchange Format [EB/OL].[2010-5-2].http://sigmakee.cvs.sourceforge.net/viewvc/sigmakee/sigma/suo-kif.pdf.

[55]Graphviz-Graph Visualization Software [EB/OL].[2010-5-2].http://www.graphviz.org/.

[56] Translating UNL Expressions to Logical Expressions [EB/OL].[2010-5-3].http://www.ontologyportal.com/pubs/KumarThesis.pdf.

[57]Wnstats-WordNet 3.0 database statistics [EB/OL].[2010-5-3].http://wordnet.princeton.edu/wordnet/man/wnstats.7WN.html.

[58]STUDER R,BENJAM INS VR,FENSEL D.Knowledge Engineering:Principles and Methods[J].Data and Knowledge Engineering,1998,25(102):161-197.

[59]和延立、杨海成、何卫平等:《信息集成与知识集成》,《计算机工程与应用》2003年第4期。

[60]岳静、张自力:《本体表示语言研究综述》,《计算机科学》2006年第2期。

[61]George A.Miller,Richard Beckwith,Christiane Fellbaum,Derek Gross,and Katherine Miller.Introduction to WordNet:An On-line Lexical Database[EB/OL].(1993-08).[2010-9-1].http://wordnet.princeton.edu/.

[62]WordNet.A lexical database for English [EB/OL].[2010-9-1].http://wordnet.princeton.edu/wordnet/.

[63]张晓林:《元数据应用与研究》,北京图书馆出版社2002年版。

[64] Christian Bizera, Jens Lehmannb, Georgi Kobilarova, Sören Auerb, Christian Beckera, Richard Cyganiakc, Sebastian Hellmannb. DBpedia-A crystallization point for the Web of Data[C].In:Web Semantics:Science,Services

and Agents on the World Wide Web 7. 2009:154-165.

[65]李景:《本体理论在文献检索系统中的应用研究》,博士学位论文,中国科学院文献情报中心,2005年。

[66]Cycorp, Inc. About Cycorp [EB/OL]. [2010-9-1]. http://www.cyc.com/cyc/company/about.

[67]Cycorp, Inc. What is Cyc [EB/OL]. [2010-9-1]. http://www.cyc.com/cyc/technology.

[68] OpenCyc. Foemalized Common Knowledge [EB/OL]. (2009-4-8). [2010-9-1].http://www.opencyc.org/releases/.

[69]董振东.董强.关于知网—中文信息结构库[EB/OL].[2010-9-1].http://www.keenage.com/html/e_index.html.

[70]Zhendong DONG, Qiang DONG. HowNet [EB/OL]. [2010-9-1]. http://www.keenage.com.

[71]Michel Dumontier, et al.The Translational Medicine Ontology: Driving personalized medicine by bridging the gap from bedside to bench. Proceedings of the 13th ISMB'2010 SIG meeting "Bio-ontologies" 2010:120-123.

[72]Alexa T.McCray.An upper-level ontology for the biomedical domain.Wiley InterScience.Comp Funct Genom 2003;4:80-84.

[73]*Fact Sheet* UMLS® Semantic Network. United States National Library of Medicine [EB/OL]. [2010-12-1] http://www. nlm. nih. gov/pubs/factsheets/umlssemn.html.

[74]An Introduction to the Gene Ontology. The Gene Ontology [EB/OL]. [2010-12-1].http://www.geneontology.org/GO.doc.shtml.

[75]The Enterprise Ontology [EB/OL].[2010-12-1].http://www.aiai.ed.ac.uk/project/enterprise/enterprise/ontology.html.

[76]HowNet Knowledge Database. KDML—知网知识系统描述语言[EB/OL].[2010-9-1].http://www.keenage.com/html/e_index.html.

[77]Nick Siegel, Keith Goolsbey, Robert Kahlert, and Gavin Matthews. The

Cyc® System: Notes on Architecture [EB/OL].[2010-9-1].http://www.cyc.com/cyc/technology/pubs.

[78]Gene Ontology tools.The Gene Ontology [EB/OL].[2010-12-1].http://www.geneontology.org/GO.tools.shtml.

[79]The umls semantic network in owl.Temporal Knowledge Bases Group,Universitat Jaume I [EB/OL].[2010-12-1].http://krono.act.uji.es/people/Ernesto/UMLS_SN_OWL.

[80]卢胜军、李法勇、钱建军等:《WCONS+:一种基于 WCONS 的本体集成方法》,《现代图书情报技术》2009 年第 2 期。

[81]叶军、王磊:《一种基于粗糙集和层次分析法的综合评价方法研究》,《计算机应用研究》2010 年第 7 期。

[82]廉正、张永庆、邵永恒等:《基于模糊综合评价法的高校专利综合实力评价》,《商业时代》2009 年第 35 期。

[83]林晓华:《运用德尔菲法建立高校文献招标评价体系的研究》,《图书与情报》2010 年第 2 期。

[84]de Bruijn J,Ehrig M,Feier C,et a1.Ontology mediation,merging and aligning[C].Davies J,Studer R,Warren P,eds.Semantic Web Technologies:Trends and Research in ontology-based Systems,Wiley,UK,2006.

[85]于娟、党延忠:《本体集成研究综述》,《计算机科学》2008 年第 7 期。

[86]Bouquet P,Ehrig M,Euzenat J,et al(2005).Specification of a Common Framework for Charactering Alignment.

[87] characterizing alignment [EB/OL]. [2006 - 10 - 13]. http://knowledgeweb.semanticweb.org/.

[88]semanticportal/deliverables/D2. 2. 1v2.pdf. 2006.

[89]Euzenat J,Bach T L,Barrasa J,et a1.D2. 2. 3:State of the art on ontology alignment[EB/OL].[2006-11-9].http://starlab.vub.ac.be/research/projects/knowledgeweb/kweb-223.pdf.

[90]徐国虎:《本体构建工具的分析与比较》,《图书情报工作》2006 年第

1 期。

[91]张忠平、田淑霞、刘洪强:《一种综合的本体相似度计算方法》,《计算机科学》2008 年第 12 期。

[92]Jena-A Semantic Web Framework for Java [EB/OL].[2010-12-1]. http://jena.sourceforge.net/.

[93]welcome to protégé[EB/OL].[2010-1-1].http://protege.stanford.edu/.

[94]OntoStudio[EB/OL].[2010-1-1].http://semanticweb.org/wiki/OntoStudio.

[95]Salton G.Introduction to Modern Information Retrieval [M].New York: McGraw Hill BookCo.,1983:1-40.

[96]G.Stumme,R.Taouil,Y.Bastide,N.Pasquier,L.Lakhal.Fast computation of concept lattices using data mining techniques.*Proc.KRDB*00,http://sunsite.informatik.rwth-aachen.de/Publications/CEURWS/,129-139.

[97]Michael J. Healy, Richard D. Olinger, Robert J. Young etc. Applying category theory to improve the performance of a neural architecture[J].Neurocomputing,2009,72(13-15):3158-3173.

[98]Barr M,Wells C.Category Theory for Computing Science[M].[S.1.]: Prentice Hall,1990.

[99]杨先娣、何宁、吴黎兵:《基于范畴论的本体集成描述》,《计算机工程》2009 年第 6 期。

[100]Hayes J.A graph model for RDF [D].Germany:Darmstadt University of Technology,2002.

[101]Fabrizio Sebastiani.Text categorization[J].In Alessandro Zanasi(ed.), Text Mining and its Applications,WIT Press,Southampton,UK,2005:109-129.

[102]孙建军、成颖:《信息检索技术》,科学出版社 2004 年版。

[103] C. J. VanRijsbergen. Information Retrieval (M). London: Butterworths,1979.

[104]Scott Deerwester. Susan T. Dumais, George W. Furnas etc. Indexing by

latent semantic analysis [J]. Journal of the American Society for Information Science, v 41, 391, 1990.

[105]盖杰、王怡、武港山:《潜在语义分析理论及其应用》,《计算机应用研究》2004 年第 3 期。

[106]M W Berry, S T Dumais, G W Brien. Using Linear Algebra for Intelligent Information Retrieval[J]. SIAM Review, December 1995.

[107]Thomas Hofmann. Probabilistic Latent Semantic[C]. SIGIR'99, 1999.

[108] Mikko Kurimo, Chafic Mokbel. Latent Semantic Indexing by Self-Organizing Map[C]. 2000.

[109]G.W.斯图尔特:《计算引论》,王国荣、黄丽萍译,上海科学技术出版社 1980 年版。

[110]Basili, Roberto; Della Rocca, Michelangelo; Pazienza, Maria Teresa. Contextual word sense tuning and disambiguation[J]. Applied Artificial Intelligence, 1997, 11(03): 235-26.

[111]吴晓:《基于本体的文本分类研究》,硕士学位论文,贵阳贵州大学,2008 年。

[112]Michal Sevcenko. Online Presentation of an Upper Ontology[EB/OL]. [2010-3]. http://www.ontologyportal.org/pubs/Sevcenko.pdf.

[113]George A M, Richard B, Christiane F, et al. Introduction to WordNet: An On-line Lexical Database[J]. International Journal of Lexicography, 1990, 3(4): 235-244.

[114]Ian N, Adam P. Linking Lexicons and Ontologies: Mapping WordNet to the Suggested Upper Merged Ontology [C]. In: Proceedings of the 2003 Internatio nal Conference on Information and Knowledge Engineering(IKE 03), Las Veg as, 2003: 23-26.

[115]Adam P, Ian N, and John L. The Suggested Upper Merged Ontology: A Large Ontology for the Semantic Web and its Applications [C]. In: Working Notes of the AAAI-2002 Workshop on Ontologies and the Semantic Web, Edmonton, Canada,

2002:2002.

[116]George A M.WordNet:A Lexical Database for English [J].Communications of he ACM,1995,38(11):39-41.

[117]詹卫东.WordNet 简介[EB/OL].[2010-5-10].http://ccl.pku.edu.cn/doubtfire/course/computational%20linguistics/contents/Intr2WordNet_zwd20030630.pdf.

[118]Song S X,Zhang J,and Li C P.Concept Chain Based Text Clustering [C].In:Proceedings of 2005 International Conference on Computational Intelligence and Security(CIS 2005).LNAI3801.Berlin:Springer-Verlag,2005:713-720.

[119]张剑、李春平:《基于 WordNet 概念向量空间模型的文本分类》,《计算机工程与应用》2006 年第 4 期。

[120]Lee Y H,Tsao W J,Chu T H.Use of ontology to support concept-based text categorization[C].In:Proceedings of Designing E-Business Systems:Markets,Services,and Networks-7th Workshop on E-Business,WEB 2008.LNBIP 22.Heidelberg:Springer-Verlag,2009:201-213.

[121]Publications [EB/OL].[2010-5-14].http://www.ontologyportal.org/Pubs.html#FOIS.

[122]Ahrens K,Chung S F and Huang C R.From Lexical Semantics to Conceptual Metaphors:Mapping Principle Verification with WordNet and SUMO(C).In:Proceedings of the 5th Chinese Lexical Semantics Workshop(CLSW-5),Singapore,2004:99-106.

[123]时念云、杨晨:《基于领域本体的语义标注方法研究》,《计算机工程与设计》2007 年第 24 期。

[124]Abdelwahab A,Sekiya H,Matsuba I,et al.An efficient collaborative filtering algorithm using SVD-free latent semantic indexing and particle swarm optimization[C].In:Proceedings of 2009 International Conference on Natural Language Processing an Knowledge Engineering,NLP-KE 2009.Piscataway:IEEE Computer Society,2009.

[125]张真:《基于语义相似度的中文文本分类系统的研究与实现》,硕士学位论文,大连海事大学,2007 年。

[126]Image_GraphViz[EB/OL].[2010-5-22].http://pear.php.net/package/Image_GraphViz/download.

[127]Reuters-21578[EB/OL].[2010-5-27].http://www.daviddlewis.com/resources/testcollecions/reuters215.

索　引

20 Newsgroups　165

Apache　7,16,20—23,25,27,35,37,185,198,206,223,224,229—231

Biomedical Ontology　147

CheckPDF　2,58,59,61,62,185,187,206,215

Cyc　83,88—92,99—103,106,134,189,234,235

DAML　83,92,115

DBpedia　98,99,103,147,148,157

Eclipse　44,185

F1 值　180,181,191

Gene ontology　81,96,97,104,105,189,234,235

GLUE　110,111,114,116,190

Hadoop　2,3,5,7,18—28,33—39,44—49,64—67,69—74,76—78,185,187,188,196—198,217,223,224,230,231,241—243

HBase　11,230

HDFS　20—22,24—30,34,37,38,45,48,49,74,78,196,198,230,231

Heritrix　2,3,5,7,9—11,15—18,39,44,50,53,54,56—58,78,185,186,196,197,229,241—243

HowNet　83,92,99—102,106,189,234

Java　7,8,10,12,13,15,23,31,33—37,44,46,47,48,52,53,57,67,92,100—102,110,164,185,189—191,198,200,205,217,223,229,232,236

JVM　73

KNN(最邻近算法)　2,136

LIBSVM　185,191

MapReduce　19—22,24,31—34,36—39,46,64—72,74,77,196,198,223,225,226,231,242,

MySQL　100,104,164,175,185,192,197

Nutch　7—9,15—17,25,186,196,229,230

OIL　82,83,103

OntoMerge　110,111,114,190

OWL　51,58,64,80,82,83,92,95,99,103—105,108,109,115,122,147,148,153,161,162,171,208,232—235,237,238

PHP　12,16,19,31,37,164,166,171,175,185,192,197,229,230,239

PROMPT　110,111,114,185,189,190

RapidMiner　5,138,164,173,198
RDFS　82,101,233
SMART　126
SPARQL　95,101,102,104
SUMO　3—5,40,107,143,144,146—155,158—166,169—172,175,182,183,197,198,231,233,238,242
SVM(支持向量机算法) 2　136,191
TF×IDF 加权法　129,130
TMO　94,95,103—105,189
Ubuntu　44,45,185
UMLS　95,96,103—105,189,234,235
WordNet　3—5,40,82—86,92,98—102,106,117,142—147,149—166,169,175,182,183,189,197,198,231,233,237,238,242
本体映射　107,109,111,112,115,117,120,122,161,162
并行处理　2—5,18,21,40,41,43,45,64—66 74,76,77,79,185,187,188,195—198,241,242
布尔加权法　129,130
查全率　41,135,136
查准率　41,135,136
词频加权法　129,130
范畴论　116,119,120,122,236
概念格构建　2,117 118 135—138
概念向量空间　142,143,151,161—164,166—171,173,175—181,197—199,238
概念向量空间　3,4,136,138,142,143,151,161—164,166,168—171,173,175—181,197—199,238
宏平均　136,137
互信息　127—129 136,138
机器学习　2,21,23,111,114,124,165
精确度　180,181
开放存取　40
摩尔定律　18
朴素贝叶斯　2,124,130,136
期望交叉熵　127,128
奇异值分解　139—141
潜在语义分析　2,135—141,237
任务优化　70
上层本体　81,82,147,163
神经网络　2,124,130,136
数字图书馆　2,4,9
特征选择　124,127,136,138,178,179,198
χ^2 统计　127—129 138
网络爬虫　5,7,15—17,196,242
微平均　136,137
文档频率　127
向量空间模型　4,125,130,138,139,141,142,161,173,178,238
信息增益　127,128,136,138
形式化概念分析　116
语义集成　90,91,95,105
语义驱动　2,15,123,125,127,129,131,133,135—137 139,141,143,190,241—243
种子站点　2,51,52,56,61,196
准确率　115,162,180,182

后　记

随着网络的普及和发展,互联网逐步成为学术文献获取交流的主战场,在科学研究中的地位日益显著。网络上提供的学术资源不论在学术质量还是在学科覆盖范围上都有了极大的发展。网络上海量的学术文献有着极其重要的学术价值,但是,由于其规模巨大、异构多样、无序分散、动态变化、更新速度快,很难为科研工作者准确、迅速所获取和有效利用。并且,海量网络学术文献的获取及处理对计算机硬件设备,包括服务器 CPU、IO 的吞吐都是严峻的考验,不论是处理速度、存储空间、容错性,还是在访问速度等方面,传统的技术架构和仅靠单台计算机基于串行的方式都越来越不适应当前海量数据处理的要求。

目前海量数据处理方法在概念上较容易理解,但由于数据量巨大,要在可接受的时间内完成相应的处理,只有进行并行化处理。通过提取出处理过程中存在的可并行工作的分量,用分布式模型来实现这些并行分量的并行执行过程,以便较好地解决海量文献处理过程中面临的内存消耗大、处理速度慢、特征向量维度高等问题。海量网络学术文献资源规模正在迅速增长,面对如此庞大复杂的学术文献数据集,如何对其进行高效的存储、组织、管理与发布,缩短数据从获取、处理到使用的时间,是一个迫切需要解决的问题。

另外,由于网络学术文献数量过于庞大,简单地依靠人工来处理所有的网络学术资源变得越来越不现实,需要借助自然语义处理、文本自动分类等计算机领域相关理论和技术更好地收集、组织、管理和利用这些学术资源。

本书主要针对网络学术文献，通过研究资源获取相应的开源软件及本体集成技术，建立海量网络学术文献获取及并行处理模型和基于语义的文档自动分类模型，最终实现海量文献自动分类，提高科研工作者利用网络学术资源的效率。海量网络学术文献自动分类研究，既可以较好地解决海量文献处理过程中面临的内存消耗大、处理速度慢、特征向量维度高等问题，让科研工作者有效获取并利用文献；又可以同时解决两大异构本体库的集成及在具体领域如何应用的问题，解决传统词向量空间因维度过高，缺乏语义而无法满足新一代语义 Web 环境下人们对海量网络信息资源语义分类、语义导航与语义检索的需求问题。

本书的研究内容主要包括课题调研、Hadoop 与 Heritrix 平台概述、海量网络学术文献获取及并行处理模型设计、本体库及本体集成，语义驱动的文档自动分类技术的实现，海量网络学术并行处理和分类模型实验模型的实现。研究过程主要分为海量网络文献获取及并行处理和基于语义文档自动分类两个部分同时进行，其研究结构如下图所示。

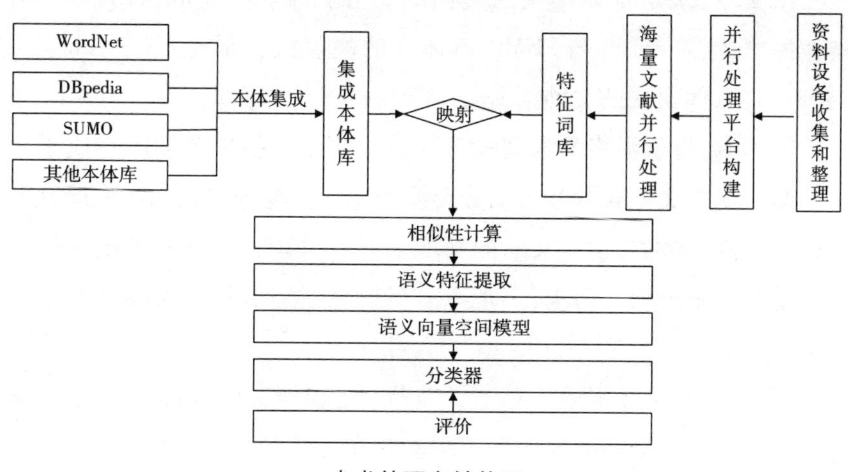

本书的研究结构图

本书总共分7个部分进行论述，具体章节安排如下：

绪论，调研相关文献，理清该课题的研究背景、内容、价值和意义。

第一章，网络爬虫。主要对Hadoop与Heritrix两个平台的架构、原理、工作流程等进行了研究。

第二章，海量网络学术文献获取及并行处理模型。论述了网络学术文献的主要来源及常用文件格式研究，网络学术文献资源的获取方案设计，网络学术文献的判定方法，网络学术文献的并行处理策略，MapReduce任务的优化，进行了相关实验，通过实验结果验证了本书提出的海量网络学术文献获取及并行处理模型的可行性。

第三章，本体集成。本体及本体集成的概念、基本过程、工具及方法等，为基于本体集成的语义分类方法提供理论基础。

第四章，基于语义驱动文本自动分类研究。对传统文档自动分类的概念、过程、方法和性能评估指标等基本理论进行梳理，给出目前语义驱动的文档自动分类方法的概念和实现基础，勾勒出语义驱动的文档自动分类的方法模型、实现过程及方法的优缺点。

第五章，基于本体集成的文档语义分类模型。WordNet与SUMO本体库概述、WordNet与SUMO本体库的映射机制研究、基于WordNet与SUMO本体集成的文档语义分类模型的设计与实现。

第六章，海量网络学术文献自动分类系统。根据前期研究成果实现了海量学术文献获取和自动分类原型系统。验证了前期所做研究的可行性，将海量网络学术文献的获取及并行处理模型与基于语义的文档自动分类系统结合起来，实现了海量网络学术文献的自动分类系统原型系统。

第七章，总结及展望。总结了本书的主要研究内容，并提出了目前研究中存在的一些问题以及下一步需要进行的研究。

本书内容主要来自作者近年来在该领域所做的研究工作，多数章节的内容直接来自于本人与他人合作发表的学术研究论文，部分研究成果得到国家社会科学基金、教育部人文社会科学基金和山东理工大学人文社会科学发展基金的资助。

在本书的研究过程中感谢已经毕业的情报学硕士研究生胡泽文（博士毕业于南京大学，现工作于南京信息工程大学）、亢丽云（现工作于连云港市图书馆）、于晓繁（现工作于青岛科技大学图书馆）、王晓迪（现为北京大学情报学博士研究生）。

胡泽文同学主要对本体集成和基于语义驱动的文档自动分类进行了研究。

亢丽芸同学主要对 Hadoop 与 Heritrix 两个平台的架构、原理、工作流程等进行了研究，并实现了海量网络学术文献自动并行获取。

于晓繁同学主要对国内外主要本体库进行了调研。

王晓迪同学主要实现了海量网络学术文献自动分类原型系统。

感谢目前在读的情报学硕士研究生祝娜、刘自强、赵冬晓在本书的排版、校对中所做的工作。

海量网络学术文献自动获取和分类研究涉及计算机和情报学等多个学科领域。这些研究领域是飞速发展的研究领域，新技术、新方法层出不穷。比如，在大数据时代对海量网络学术文献的处理就涌现出一大批新的思路、模型和工具，如 Mahout 等。由于作者知识水平、精力有限，在开展研究过程中很难将最新的技术融入进来。所以希望本书能够起到抛砖引玉的作用，欢迎业内广大专家学者进行批评指正，进行更加深入的研究。

此外，作者虽然经过认真努力，也获得了众多专家学者的帮助，但是由于研究水平和知识能力所限，书中可能存在许多作者没有意识到的问题，恳请各位读者不吝提出修改的意见和建议。